DIY DOG

Einfach selbstgemacht! Für Hunde. Und kreative Menschen.

IMPRESSUM

Bibliografische Informationen der Deutschen
Nationalbibliothek
Die Deutsche Nationalbibliothek verzeichnet diese Publikation in der Deutschen
Nationalbibliografie; detaillierte bibliografische Daten sind im Internet über
http://dnb.d-nb.de abrufbar.

ISBN: 978-3-95693-042-3

Grafisches Gesamtkonzept, Titelgestaltung, Satz und Layout:
Torben Ziemer

© Copyright: FRED & OTTO – Der Hundeverlag, Berlin/2018
www.fredundotto.de

 www.facebook.com/fredundotto

Ziemer&Falke GbR - Das Schulungszentrum für Hundetrainer
Blanker Schlatt 15, 26197 Großenkneten
www.ziemer-falke.de

DIY DOG

Einfach selbstgemacht! Für Hunde.
Und kreative Menschen.

· INHALT ·

DOWNLOADS ZUM BUCH*

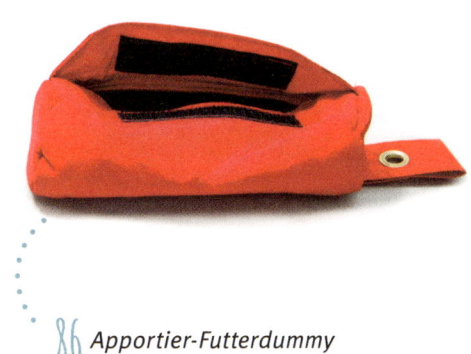

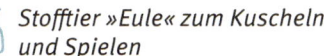

» BUNTES ALLERLEI «

Es erwarten Ihren Hund schmackhafte Leckereien, kuschelige Textilien & robuste Konstruktionen

* Im Nähstübchen & der Werkstatt kann es vorkommen, dass Sie Schnittmuster bzw. Bauanleitungen benötigen. Produkte, denen ein/e Schnittmuster/ Bauanleitung zugrundeliegt, sind entsprechend gekennzeichnet. Alle Vorlagen können Sie ganz einfach herunterladen und ausdrucken. Sie finden sie unter **http://bit.ly/2y7rQo8**

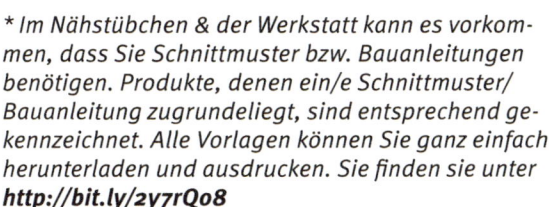

· VORWORT ·

Hunde sind großartig und wahrscheinlich geht es Ihnen so wie uns, wenn wir sagen: Hunde gehören in unser Leben! Sie sind ein liebevoller Teil unseres Alltags. Sie kennen wie sonst niemand unsere Gewohnheiten, registrieren sofort unsere Höhen und Tiefen, ebenso verzeihen Sie uns die eine oder andere alltägliche kleine Katastrophe. Und deshalb finden wir: Hunde haben ein Recht auch mal verwöhnt zu werden! Mit vielen netten Annehmlichkeiten in Wohnung und Haus, aber natürlich auch mit den besten Leckerlis der Welt …

Klar können Sie alles kaufen. Aber es gibt etwas Besseres als das – und hier kommt Ihr neues Buch ins Spiel. Machen Sie die besten Sachen für Ihren Hund doch einfach selbst! Wir Autoren haben uns zusammengesetzt und überlegt, wie man alles leicht verständlich vermittelt und Spaß an der Sache bekommt. Eine grundlegende Idee war auch, dass wir einen echten DIY-Allrounder machen wollten. Ein Buch mit tollen Projekten zum Selbermachen – für Menschen und Hunde mit vielen verschiedenen Bedürf-

nissen. Deshalb finden Sie in diesem Buch Indoor- und Outdoor-Themen, von Nähprojekten, über Backrezepte zu Holzprojekten und Spielzeug… Sie können sich und Ihren Vierbeiner voll ausstatten. Natürlich eignen sich alle hier vorgestellten Ideen auch als Mitbringsel und Geschenk für gute (Hunde-)Freunde. Auch haben wir darauf geachtet, dass die Anleitungen leicht verständlich und umsetzbar sind. Zur besseren Entscheidungshilfe, mit welchem Projekt Sie starten, haben wir diese in drei Schwierigkeitsstufen unterteilt. So können Sie leicht entscheiden, ob Sie jetzt gerade Zeit und Muße haben, es umzusetzen.

Alle vorgestellten Projekte haben wir selbst umgesetzt. Es wurde gelacht, geplant, diskutiert, überlegt, geändert, probiert, gebacken, gehämmert, genäht – und vor allem hatten wir Spaß bei der Produktion dieses Buches! Sie halten also einen »Allrounder« in der Hand, der unser Leben bereits bereichert hat und Ihres hoffentlich auch begeistern wird!

Wir danken allen Menschen, die an diesem Buch mitgewirkt haben, für Ihre tatkräftige und ideelle Unterstützung: ganz besonders unseren Familien, die uns immer geduldig zur Seite standen, auch wenn mal das ein oder andere Projekt nicht gleich auf Anhieb funktionierte, unserem engagierten Team sowie unseren lieben Teilnehmer/innen und Kund/Innen für Ihre Anregungen, die uns stets inspirieren und zu kreativen Höchstleistungen anspornen. Und natürlich danken wir allen tollen Hunden, ohne sie gäbe das Buch nicht.

Wir wünschen Ihnen viel Spaß und gutes Gelingen!

Ihre Tina, Simone & Jörg

Simone Hartstein

Jörg Ziemer

Kristina Ziemer-Falke

» Aus der Küche «

Auf die Plätzchen, fertig, los!
Ob Leberkekse oder kleine Kürbis-
Muffins, Ihr Hund wird es lieben!

LOS GEHT´S!

· HACKBRATEN FÜR HUNDE ·

DER SAFTIGE UND BESONDERE GAUMENSCHMAUS

DER HACKBRATEN WIRKT IN
KNOCHENFORM NOCH LECKERER

Was Sie brauchen:

200 g Rinderhackfleisch,
80 g Dinkelvollkornmehl, 1 Ei, ½ Banane,
1 Möhre, 3 EL Leinöl, 3 EL Rapsöl,
50 g Magerquark, 2-3 EL Wasser, Rührschüssel,
Schneebesen, Silikonbackform

25 min   ◆◇◇

Darf's auch ein bisschen mehr sein? Warum nicht mal einen Hackbraten für den eigenen Hund zaubern? Natürlich ist er so gesund, dass Sie und Ihre Familie auch gerne naschen dürfen. Wir empfehlen Ihnen, für dieses Rezept Rinderfleisch (vom Metzger Ihres Vertrauens) zu verwenden, kein Schweinefleisch. Vor einigen Jahren gab es in Deutschland den Aujeszky-Virus, der sich auf Hunde übertragen konnte. Daher sollte Schweinefleisch für den Hund gemieden oder nur ganz durchgebraten gegeben werden. Zwar ist Deutschland bereits seit einigen Jahren Aujeszky-frei, dennoch ist die Thematik bei Hundehaltern immer noch sehr präsent. Wenn Sie unsicher sind, verzichten Sie auf Schweinefleisch – so sind Sie

auf jeden Fall auf der sicheren Seite. Mit einer Silikonbackform erhalten Sie einen schön geformten Hackbraten und es bleibt nahezu kein Teig in der Form haften. Sollten Sie keine Silikonbackform besitzen, ist eine mit Backpapier ausgelegte Kastenform oder Auflaufform ebenso geeignet. Verwenden Sie bitte keine Gewürze, denn oftmals sind diese für unsere Hunde gesundheitsschädigend, außerdem sind unsere Vierbeiner starke Gewürze wie beispielsweise Salz nicht gewöhnt. Wenn Sie dieses Gericht also gemeinsam für sich und Ihren Hund planen, würzen Sie Ihre Portion bitte erst, wenn Sie die Portion für Ihren Hund schon zurechtgemacht haben.

So wird´s gemacht:

01. Verrühren Sie alle Zutaten miteinander, so dass eine homogene Teigmasse entsteht.

02. Füllen Sie die Masse in eine Silikonbackform.

03. Lassen Sie den Teig bei 180 Grad Umluft im vorgeheizten Backofen 15-20 Minuten backen.

04. Nach der Backzeit lassen Sie den Braten auskühlen. Danach stürzen Sie ihn aus der Form und können ihn in Scheiben schneiden.

~~~~~~~~~~~~~~~~
TIPP
~~~~~~~~~~~~~~~~

Bei allem, was Sie für Ihren Hund kochen oder backen, denken Sie bitte an unseren Lieblingsspruch: »Die Dosis macht das Gift«. Achten Sie auf die Verdauung Ihres Hundes, er sollte weder Durchfall noch zu festen Kot ausscheiden.

ACHTEN SIE AUF FRISCHE UND QUALITÄT

MACHEN SIE DAS DIY-BOOK ZU IHREM BUCH! HIER KÖNNEN SIE REINSCHREIBEN, REINKLEBEN UND RUMKRITZELN.

NOTIZEN

· ·

· ·

· ·

· GEFÜLLTER KONG ·

EIN GUTER ZEITVERTREIB FÜR SCHLECKERMÄULER

Super schnell gemacht

Was Sie brauchen:

Ein oder mehrere Kong(s) in entsprechender Größe, passend zum Hund, 250 g körniger Frischkäse oder Quark als Basismasse, zusätzliche Geschmacksrichtungen nach Vorlieben Ihres Hundes z.B. Leberwurst, Thunfisch und/oder Lachs, Stabmixer, Rührschüssel, Esslöffel, ggf. Spritzbeutel

5 min   ◆◇◇

Ihr Hund wird ihn lieben! Mit einem gefüllten Kong können Sie Ihren Vierbeiner sehr glücklich machen und dabei lange beschäftigen – genau richtig für aufkommende Langeweile oder um ihm das Alleinbleiben zu erleichtern. Außerdem ist der Kong perfekt für die Zahnpflege und für die Stärkung der Kiefermuskulatur. Der Kong besteht aus robustem Vollgummi und hat jeweils an der Ober-und Unterseite eine Öffnung. So können Sie den Kong problemlos befüllen. Ihren Hund wird es einige Zeit kosten, bis er eine Strategie entwickelt hat, seine Belohnung zu erhalten. Indem Sie die Füllung variieren, bleibt es für Ihren Hund immer spannend und eine leckere Angelegenheit. Wenn Sie feststellen, dass sich Ihr Hund für den Kong überaus begeistert, können Sie ihn auch in das Hundetraining einbinden. Für ganz besonders gute Leistungen, bekommt Ihr Hund am Ende des Trainings seine Lieblings-Kong-Mischung. Hygiene ist hier allerdings wichtig. Ihr Hund wird sicherlich sein Bestes geben, um mit seiner Zunge auch den kleinsten Rest aus dem Kong zu schlecken. Dennoch sollten Sie den Kong nach Gebrauch gründlich reinigen, so dass sich – gerade an warmen Sommertagen – keine Bakterien bilden.

So wird´s gemacht:

01. Vermischen Sie in einer Rührschüssel den körnigen Frischkäse oder Quark mit der gewünschten Geschmacksrichtung. Leberwurst kann gut mit einem Löffel verrührt werden. Bei gröberen Strukturen wie Lachs oder Thunfisch nutzen Sie einen Stabmixer.

02. Befüllen Sie den Kong mit der Masse. Das geht besonders gut mit dem Griff eines Esslöffels. Bei einem kleinen Kong eignet sich der Einsatz eines Spritzbeutels.
Sollten Sie keinen Spritzbeutel zur Hand haben, können Sie sich ganz schnell einen basteln: Schneiden Sie von einem Gefrierbeutel eine Ecke sauber ab. Der Schnitt sollte jedoch nicht länger als 1 cm sein. Füllen Sie die Masse hinein und drücken Sie diese dann durch das kleine Loch durch die Öffnung des Kongs. Frieren Sie den Kong nun ein.

MIT DEN RESTEN AB
IN´S GEFRIERFACH

NOTIZEN

. . . .

. . . .

. . . .

· LEBERKEKSE ·

DAS LECKERLI MIT SUCHTPOTENTIAL

NETT VERPACKT SIND ES TOLLE MITBRINGSEL
FÜR ALLE HUNDEFREUNDE

Was Sie brauchen:

1 Ei, 1 EL Leinöl, 100 g feine Haferflocken,
100 g grobe Haferflocken, 125 g Leberwurst,
150 g körniger Frischkäse, 50 g Magerquark,
Rührschüssel, Schneebesen, Silikonbackform
für Kekse, Teelöffel

35 min   ◆◇◇

Sicher wird Ihr Hund zu dem einen oder anderen Leckerbissen zwischendurch nicht nein sagen. Doch dieser sollte nicht nur schmackhaft, sondern auch gesund sein – ohne Zusatzstoffe, die Ihr Hund gar nicht braucht. Selbstgemachte Leckerchen eignen sich daher ganz besonders gut. Sie sind nicht nur meist kostengünstiger, sondern Sie wissen auch, was drinsteckt – und es schmeckt! Für das Hundetraining, um beispielsweise »Sitz« oder »Platz« zu üben, eignen sich diese Leberkekse ebenso wie für die Geruchsunterscheidung. Probieren Sie es doch einfach mal aus. Bringen Sie Ihrem Hund bei, diese Leberkekse von anderen Keksen zu unterscheiden und auf Signal zu bringen. Es gibt sehr schöne Silikonbackformen für Kekse mit Hundemotiven. Das spart eine Menge Zeit, denn Sie müssen die Kekse nicht alle einzeln ausstechen.

So wird´s gemacht:

01. Verrühren Sie alle Zutaten miteinander.

02. Füllen Sie den Teig in die Silikonbackform, setzen Sie diese auf Ihr Backblech und schieben es in den Backofen.

03. Lassen Sie den Teig bei 190 Grad Umluft im vorgeheizten Backofen 30 Minuten backen.

TIPP

Wenn Sie keine Silikon-Backform für Kekse haben und es trotzdem schnell gehen soll, können Sie mit den Händen auch kleine Kugeln formen und diese auf ein mit Backpapier ausgelegtes Backblech drücken.

· KÄSE-PETERSILIEN-KEKSE ·

SCHNELL, EINFACH, LECKER & GESUND

Was Sie brauchen:

120 g Kichererbsenmehl,
80 g Dinkelvollkornmehl, 1 TL gekörnte Brühe
(ungesalzen), 2 EL gehackte Petersilie,
70 g geriebener Emmentaler oder Gouda,
1 EL Olivenöl, 60 ml Wasser, Rührschüssel,
Nudelholz, beliebige Ausstechformen,
Backpapier, Backblech

30 min   ◆◇◇

DER VIELFALT SIND KEINE
GRENZEN GESETZT

Diese Kekse sind nicht nur hübsch anzuschauen, sie sind auch blitzschnell hergestellt–genau das Richtige als »Last-Minute-Mitbringsel« oder für den eigenen Liebling zwischendurch! Denn diese Kekse sind nicht nur gesund, sondern vor allem auch lecker und daher im Nu verputzt.

Petersilie hat viele tolle Eigenschaften und ist daher eine gute Nahrungsergänzung für unsere Hunde. Sie ist verdauungsfördernd und wirkt entzündungshemmend und kann bei vielerlei Problemen unterstützend eingesetzt werden. Leidet Ihr Hund vielleicht unter Eisenmangel oder gar schlechtem Atem? Dann geben Sie ihm gerne ein bisschen frische Petersilie! Denn neben vielen positiven Wirkungen auf das Immunsystem unserer Hunde ist dieses Kraut ein wunderbarer Atemerfrischer. Doch Achtung! Viel hilft nicht viel. Petersilie sollte, wie im Übrigen alle Kräuter, unseren Hunden nur in geringem Maße gegeben werden.

So wird´s gemacht:

01. Lösen Sie die Brühe in 60 ml kochendem Wasser auf.

02. Verrühren Sie alle Zutaten miteinander.

03. Kneten Sie den Teig gut mit den Händen durch.

04. Rollen Sie den Teig ca. 0,5 cm dick aus.

05. Stechen Sie nun Ihre Kekse mit beliebigen Ausstechformen aus und setzen Sie sie auf ein mit Backpapier ausgelegtes Backblech.

06. Lassen Sie den Teig bei 180 Grad Umluft im vorgeheizten Backofen 20-25 Minuten backen.

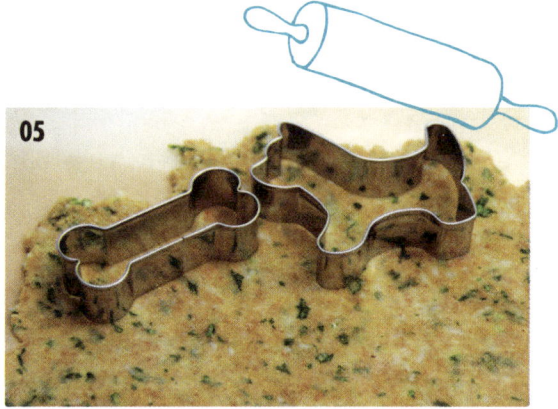

▴ *Es gibt eine Vielzahl toller Ausstech-formen zum Thema Hund.*

▴ *Rollen Sie den Teig einfach zwischen zwei Lagen Backpapier aus, dann klebt er nicht am Nudelholz.*

▴ *Je dünner Sie den Teig ausrollen, desto geringer die Backzeit.*

NOTIZEN

· ·

· ·

· ·

· MINI-KÜRBIS-MUFFINS ·

MINI-KUCHEN FÜR HALLOWEEN

Was Sie brauchen:

120 g Hokkaido-Kürbis, 100 g Dinkelvollkornmehl, 1 Ei, 20 g weiche Butter, 1 TL Backpulver, 1 TL Natron, 3 EL Wasser, 3 Rührschüsseln, Pürierstab, Mixer, Teelöffel, ca. 30 Mini-Muffin-Papierförmchen, Backblech, Backpapier

40 min ◆◇◇

Muffins für den Hund – warum eigentlich nicht? Aber auf die richtigen Zutaten kommt es an. Und Hokkaido-Kürbis eignet sich ganz hervorragend. Es liefert neben zahlreichen Vitaminen und Mineralstoffen, Ballaststoffe und wertvolles Beta-Karotin. Es ist somit nicht nur für uns Menschen, sondern auch für unseren Hund ein sehr gesundes und schmackhaftes Gemüse. Die Mini-Kürbis-Muffins duften ganz herrlich, wenn Sie aus dem Backofen kommen. Doch aufgepasst! Ihr Hund sollte das Backwerk natürlich ohne Papierförmchen genießen. Von Ihrem Kürbis bleibt noch eine ganze Menge übrig. Daraus können Sie eine weitere gesunde Zwischenmahlzeit für Ihren Vierbeiner herstellen, indem Sie ihn mit Quark mischen und portionsweise in kleinen Mengen verfüttern. Sehr lecker!

So wird´s gemacht:

01. Bereiten Sie den Kürbis vor, indem Sie ihn waschen, entkernen, abwiegen und in kleine Würfel schneiden.

02. Backen Sie die Kürbiswürfel bei 150 Grad Umluft für 10 Minuten in Ihrem vorgeheizten Backofen. Füllen Sie den gebackenen Kürbis in eine Schüssel, pürieren Sie ihn und stellen ihn zur Seite.

03. Vermischen Sie Mehl, Natron und Backpulver in einer Rührschüssel miteinander.

04. Vermengen Sie in einer weiteren Rührschüssel Butter, Wasser und die Kürbismasse, geben Sie nach und nach die Mehlmischung dazu.

05. Setzen Sie die Mini-Muffin-Papierförmchen auf ein Backblech und befüllen Sie sie mit der Teigmasse. 1 TL Teigmasse je Papierform ist ausreichend. Wenn Sie 2 Papierförmchen ineinanderstecken, hat die Teigmasse mehr Halt und das Backergebnis wird gleichmäßiger.

06. Schieben Sie das Backblech in Ihren vorgeheizten Backofen und lassen Sie die Muffins bei 180 Grad Umluft 10 Minuten backen.

TIPP

Verwenden Sie für dieses Rezept Hokkaido-Kürbis. Er ist nicht nur sehr lecker, sondern auch leicht in der Verarbeitung, denn sie müssen ihn nicht schälen.

NOTIZEN

....
....
....

· KNUSPERSTANGEN ·

VEGETARISCHER SNACK

EINE NETTE ABWECHSLUNG ZU
ALLEN SPEISEN MIT FLEISCH

Was Sie brauchen:

200 g kernige Haferflocken, 250 g körniger
Frischkäse, 1 Eigelb, 3 EL Milch, 3 EL Leinöl,
Rührschüssel, Mixer , Backpapier, Backblech

35 min   ◆◇◇

Diese Knusperstangen machen Ihre Hunde-Keksvariation komplett. Im Vergleich zu den anderen selbstgebackenen Hundekeksen, sind diese vegetarischen Knusperstängel besonders urig. Auch bei diesem Rezept haben wir wieder auf beste Zutaten geachtet und unter anderem naturbelassenes Leinöl verwendet. Dieses ist besonders reich an wertvollen Omega-3- und Omega-6-Fettsäuren und besonders wertvoll für eine gesunde und ausgewogene Hundeernährung.

So wird´s gemacht:

01. Vermischen Sie alle Zutaten miteinander.

02. Formen Sie aus dem Teig fingerlange und fingerdicke Rollen. Legen Sie diese auf ein mit Backpapier ausgelegtes Backblech.

03. Lassen Sie die Knuperstangen bei 150 Grad Umluft im vorgeheizten Backofen 20-25 Minuten backen.

NOTIZEN

. . . .

. . . .

. . . .

· PIZZA FÜR HUNDE ·

MAMMA MIA, BELLA ITALIA!

Was Sie brauchen:

350 g Leber, etwas Petersilie, 50 g Gehacktes, 150 g Magerquark, 25 g geriebener Käse, 1 Eigelb, ½ Apfel, Hafer-, Dinkel- oder Roggenflocken, 2-3 EL Milch, 4 EL Raps- oder Sonnenblumenöl, Rührschüssel, Mixer, Backpapier, Backblech, Teigspatel (die Mengen reichen für ein halbes Blech)

40 min ◆◇◇

Sie lieben Pizza? Ihr Hund in abgewandelter Form bestimmt auch. Zu einmaligen Gelegenheiten, wie z. B. zu seinem Geburtstag, kann die Pizza auch in einer Motivform gebacken werden. Wer Pizza liebt, liebt auch Vielfalt. Testen und variieren Sie das Rezept gerne immer mal wieder. Tauschen Sie jedoch immer nur eine Zutat aus, damit Sie nachvollziehen können, ob es Ihrem Hund gut bekommt.

So wird´s gemacht:

01. Schneiden Sie die Leber in kleine Würfel.

02. Hacken Sie die Petersilie klein.

03. Vermengen Sie nun alle Zutaten bis auf den geriebenen Käse mit dem Mixer zu einem dicken Teig.

04. Streichen Sie den Teig auf ein mit Backpapier ausgelegtes Backblech. Er sollte ca. 1 cm dick sein.

05. Backen Sie den Teig bei 200 Grad Ober-/Unterhitze im vorgeheizten Backofen 15 Minuten.

06. Verteilen Sie den geriebenen Käse auf der Pizza.

07. Backen Sie die Pizza weitere 15 Minuten bei 200 Grad Ober-/Unterhitze in Ihrem Ofen. Lassen Sie die fertige Pizza auskühlen und schneiden Sie sie in kleine Stücke.

BELLO´S ITALIA: SO KOMMT IHR HUND AUCH IN DEN GENUSS DER BELIEBTESTEN SPEISE

NOTIZEN

. . . .

. . . .

. . . .

· TROCKENSHAMPOO ·

DIE ALTERNATIVE FÜR WASSERSCHEUE VIERBEINER

Was Sie brauchen:

2 Tassen Stärke (Maismehl oder Kartoffelmehl), 1 Tasse Heilerde (bei weißen Hunden weglassen!), ½ Tasse Babypuder (bei weißen Hunden auf 1,5 Tassen erhöhen), 1 Esslöffel Kakaopulver (bei weißen Hunden ersatzlos streichen), 12-15 Tropfen Teebaumöl, großer Salzstreuer oder Puderzuckerstreuer, Tassen zum Abmessen

05 min ◆◇◇

EIN EINFACHER SALZSTREUER
REICHT AUS

Nicht jeder Hund (und Halter) kann man mit einem säubernden Bad glücklich machen. Eine gute Alternative bietet dieses Trockenshampoo. Es ermöglicht das Baden ohne Wasser, inklusive Wellnessbehandlung für Ihren Hund. Das Trockenshampoo ist schnell hergestellt und lässt sich im Übrigen optimal an die Bedürfnisse Ihres Hundes anpassen, indem Sie die Zutaten variieren.

Verwenden Sie beispielsweise:

- Maisstärke – es entzieht Fett und Öl aus dem Fell
- Salz – es entzieht dem Fell kleine Schmutzpartikel
- Backpulver – es neutralisiert üble Gerüche

So wird´s gemacht:

01. Vermischen Sie alle Zutaten miteinander.

02. Füllen Sie das entstehende Pulver in einen großen Salz- oder Puderzuckerstreuer.

03. Lassen Sie Ihren Hund an dem Trockenshampoo schnuppern. Arbeiten Sie es nun intensiv in das Fell Ihres Hundes ein. Massieren Sie ihn dabei ausgiebig. Er wird es lieben.

Achtung! Verwenden Sie das Trockenshampoo nicht, wenn Ihr Hund offene oder entzündete Hautstellen hat. Bitte Haut und Fell vorher dahingehend prüfen. Nur äußerlich anwenden. Beschriften Sie außerdem den Aufbewahrungsbehälter des Trockenshampoos. Auch wenn es schnell verbraucht wird, kann man es unter Umständen verwechseln, wenn Sie es in der Speisekammer aufbewahren.

Nicht nur für's Fell geeignet. Auch wir Autoren haben das Shampoo im Eigenversuch eingehend getestet und waren mit dem Ergebnis überaus zufrieden!

Notizen

· ·

· ·

· ·

· GETREIDEFREIE BELOHNUNGSHAPPEN ·

DIE SUPERKLEINEN CLICKER-LECKERCHEN

Was Sie brauchen:

200 g Kartoffelmehl, 3 Eier, 200 g körniger Frischkäse, 1 EL Leinöl, Schüsseln in verschiedenen Größen, Spatel oder langes Messer, Schneebesen, Backmatte aus Silikon

30 min ◆◇◇

*AUCH FÜR KLEINE
GESCHENKBEUTEL GEEIGNET*

Haben Sie Lust auf ein kleines und schnelles Rezept für Ihren Liebling? Versuchen Sie unsere Belohnungshappen. Sie sind leicht, lecker und schmecken auch Frauchen und Herrchen. Zudem sind sie getreidefrei, daher auch für Hunde mit Getreideunverträglichkeit geeignet. Und das Beste ist: sie sind blitzschnell zubereitet und vielfältig variierbar. Ihrer Kreativität sind keine Grenzen gesetzt! Sie können beispielsweise statt Frischkäse 1 Dose Thunfisch im eigenen Saft verwenden.

Eine weitere Alternative ist Obst, beispielsweise Äpfel, die Sie entweder in kleinen Stücken oder püriert in den Teig rühren können. Viele Hunde lieben auch geraspelte Möhren in den Keksen. Beachten Sie je nach Zutat jedoch, dass frische Lebensmittel schneller verbraucht werden sollten, aber das muss man Hunden ja meistens nicht zweimal sagen ...

Für dieses Rezept eignet sich der Einsatz einer Silikon-Backmatte ganz wunderbar (beachten Sie unseren Tipp auf *Seite 15*). Dadurch sparen Sie außerdem viel Zeit, da das Keksausstechen wegfällt, und Sie erhalten viele kleine Leckerlis, die für das Hundetraining (z. B. Clickertraining) eine schöne Größe haben.

· ·

So wird´s gemacht:

01. Verrühren Sie alle Zutaten mit dem Schneebesen zu einem glatten Teig. Der Teig sollte flüssig bleiben, damit er sich schnell auf der Backmatte gut verteilen lässt. Ist er zu fest, können Sie noch ein wenig Wasser hinzufügen.

02. Legen Sie die Backmatte auf ein Backblech und streichen den Teig gleichmäßig auf die Backmatte. Nutzen Sie hierzu ein langes Messer oder einen Spatel.

03. Schieben Sie das Backblech in den vorgeheizten Backofen und lassen den Teig bei 180 Grad Umluft oder 200 Grad Ober-/Unterhitze 18 Minuten backen.

▾ *Lange Messer eignen sich prima um den Teig gleichmäßig zu verteilen.*

▴ *Legen Sie alle Zutaten vor Beginn zurecht, umso schneller sind die Happen für Ihren Hund fertig.*

◂ *Zu Beginn bedarf es etwas Übung, bis der Teig gleichmäßig verteilt ist, aber Übung macht den Meister – der Aufwand lohnt sich.*

▲ *Beim ersten Backen halten Sie ein Auge auf Ihren Ofen und schauen Sie, ob die Backzeiten passen.*

▼ *Uuuuuuund...fertig! Die Häppchen werden Ihrem Vierbeiner garantiert schmecken.*

TIPP

Wer die Wahl hat, hat die Qual – zumindest, wenn es um die Wahl der richtigen Backmatte geht. Sie werden schnell merken, dass das Internet oder auch Ihr Haushaltswarengeschäft gut ausgestattet ist. Folgende Entscheidungshilfen möchten wir Ihnen mitgeben, so dass Sie lange Spaß mit und an Ihrer Matte haben:

- Achten Sie auf gute Qualität: Sie sollte Lebensmittelqualität haben.
- Kaufen Sie eine Matte, die Anti-Rutsch behaftet ist, so dass Sie die Matte nicht einsprühen müssen – da nicht alle Sprays gut für die Gesundheit sind.
- Die Matte sollte über eine große Temperaturspanne verfügen und Ihrer Koch- und Backleidenschaft standhalten. Von -20°C bis + 220°C ist zu empfehlen.
- Platzsparend?! Auch das sollte die Matte sein. Viele Matten lassen sich einrollen und nehmen wenig Platz in Ihrer Küche ein. So lässt sie sich gut verstauen.
- Die Matte sollte leicht zu reinigen sein und Ihnen auch nach getaner Arbeit durch schnelles Reinigen Freude bereiten.

Notizen

· ·

· ·

· ·

Notizen

NOTIZEN

» Aus dem Nähstübchen «

Heut´ ist kuscheln angesagt!
Im weichen Schlafsack träumt es
sich besonders gut.

LOS GEHT´S!

· SCHLAFSACK ·

FÜR BESONDERS KUSCHELBEDÜRFTIGE

VARIANTE 01

Was Sie brauchen:

1 x Doubleface Ware, entsprechend der gewünschten Schlafsackgröße (für einen kleinen Hund: 75 cm x 100 cm), Nähmaschine, farblich passendes Nähgarn, Stoffschere, Maßband, Stecknadeln, Stift oder Trickmarker, Bügelbrett und Bügeleisen

30 min   ◆◇◇

EMIL LIEGT PROBE UND GENIESST SEINEN NEUEN SCHLAFSACK

Ihr Hund gehört zur Kuschelfraktion und es gibt nichts Schöneres für ihn, als Wärme zu genießen? Machen Sie ihn mit einem Schlafsack glücklich. Ob sie einen kleinen, mittleren oder großen Hund haben, spielt dabei keine Rolle. Der Schlafsack kann individuell an die Größe Ihres Hundes angepasst werden, auch die Umschlagbreite kann variiert werden. Der Schlafsack eignet sich ganz wunderbar, um Hundehaaren auf der Couch Einhalt zu gebieten, denn diese findet man dann eher im Schlafsack als auf dem Sofa.

Wir stellen Ihnen im Folgenden zwei Schlafsack-Modelle vor – einmal verwenden wir Doubleface Ware. Hier sind Innen- und Außenstoff miteinander verwebt. Bei der anderen Variante zeigen wir Ihnen, wie Sie den Schlafsack mit zwei Stoffen nähen. Bevor Sie allerdings beginnen: Überlegen Sie bitte, wie Sie den Stoff zuschneiden möchten. Das Muster sollte so geschnitten und bearbeitet werden, dass es nicht auf dem Kopf steht. Ist der Stoff symmetrisch, kann er um 180 Grad gedreht werden, bei asymmetrischen Stoffen jedoch nicht.

Liegt ein Rapport (ein sich regelmäßig wiederholendes Muster) vor, achten Sie bitte darauf, dass beim Schnitt die Nahtlinien übereinanderliegen – ansonsten gibt es Versätze. Bei manchen Nähmaschinen können Sie auch den Unter- und Obertransport einstellen, so wird ein Verschieben der Muster verhindert.

Wer nicht mit dem Zick-Zack-Stich arbeiten will bzw. die Nahtzugabe nicht außen sichtbar haben möchte, legt den Stoff einfach rechts auf rechts und versäubert die Nahtzugabe innen oder paspelt mit einem Schrägband die Kanten ab.

So wird´s gemacht:

01. Schneiden Sie den Stoff zu. Die Maße variiert je nach Hundegröße und Körperform. Die Form kann ebenfalls variiert werden: Rechteckig oder etwas konisch (kegelförmig) zulaufend. Beim konischen Schnitt beachten Sie, dass nicht mit einem Stoffumbruch gearbeitet werden kann, sondern dass zwei Seitennähte eingeplant werden.

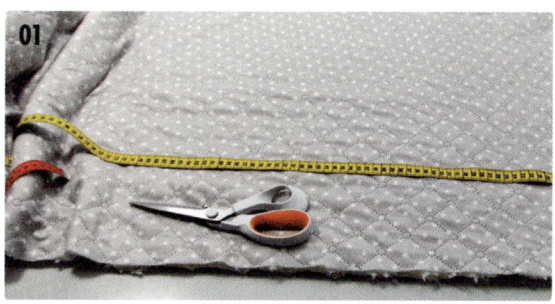

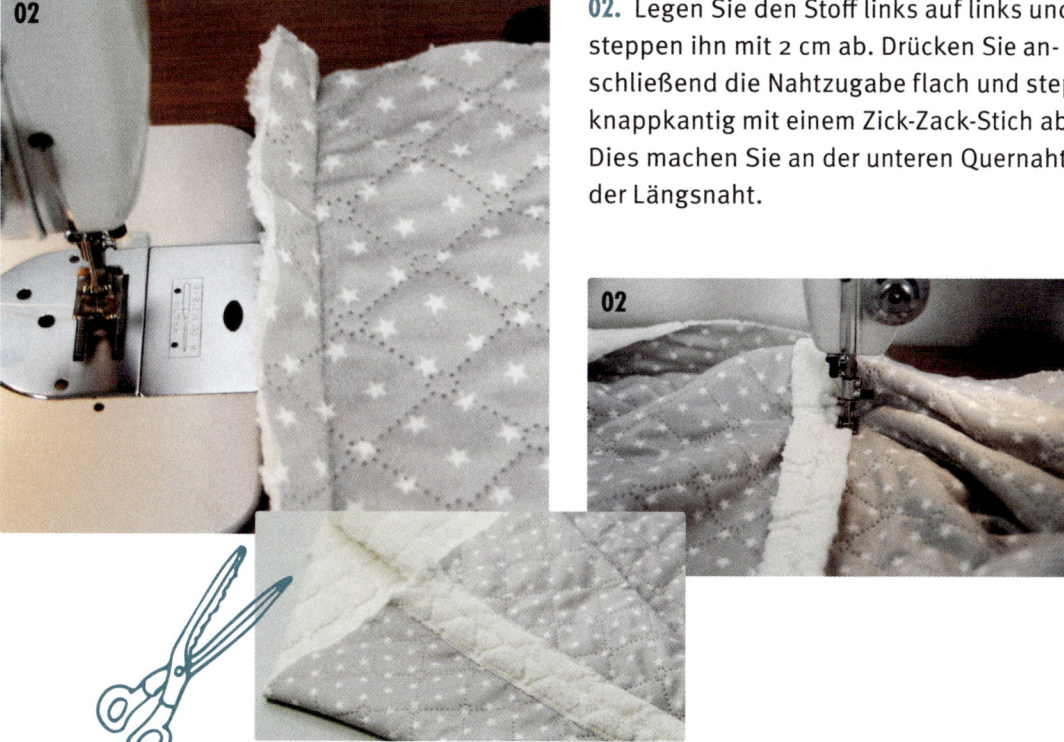

02. Legen Sie den Stoff links auf links und steppen ihn mit 2 cm ab. Drücken Sie anschließend die Nahtzugabe flach und steppen knappkantig mit einem Zick-Zack-Stich ab. Dies machen Sie an der unteren Quernaht und der Längsnaht.

HIER GEHT´S WEITER ⟿

03. Drehen Sie den Schlafsack nun auf links und falten Sie die erste Ecke auseinander, so-dass Längs- und Quernaht aufeinander liegen. Steppen Sie bei ca. 5 cm ab. Die andere Ecke ebenso. So bekommt der Schlafsack unten etwas Volumen.

NÄHEN SIE ENTLANG DER LINIE UND CA. 5 CM VON DER ECKE ENTFERNT

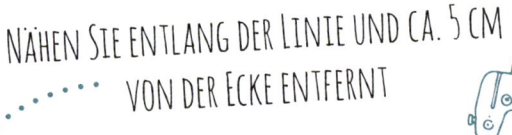

04. Sie können nun 10 cm Umschlag an der Öffnung umlegen und mit einem Zick-zack-Stich knapp absteppen.

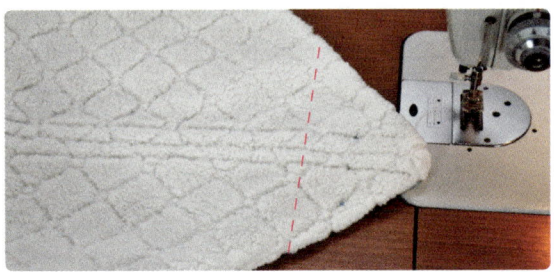

NOTIZEN

· ·

· ·

· ·

VARIANTE 02

TIPP

Möchten Sie mit zwei Stoffen arbeiten, beachten Sie folgende Änderungen zur oben beschriebenen Nähanleitung. Für diesen Schlafsack müssen Sie etwas mehr Zeit einplanen, als für den aus Double-face Ware.

45 min   ◆◇◇

Was Sie brauchen:

1 x Oberstoff (Baumwollstoff) 60 cm x 110 cm, 1 x Futterstoff (möglichst flauschiger Stoff, Frottee, eine alte Decke oder Ähnliches) 60 cm x 1200 cm, Nähmaschine, farblich passendes Nähgarn, Stoffschere, Maßband, Stecknadeln, Stift oder Trickmarker, Bügelbrett und Bügeleisen

01

02

So wird´s gemacht:

01. Schneiden Sie die Stoffe zu.

02. Legen Sie den Oberstoff rechts auf rechts aufeinander und steppen Sie die untere Quernaht und die Seitennaht zu.

03. Legen Sie den Futterstoff rechts auf rechts aufeinander und steppen Sie die untere Quernaht zu. Lassen Sie bei der Längsnaht eine ca. 15 cm große Wendeöffnung offen (je dicker die Stoffe, umso größer die Wendeöffnung).

04. An beiden Teilen ziehen Sie die Ecken auseinander und steppen bei ca. 5 cm ab, somit entsteht ein kleiner Boden und Volumen im unteren Ende des Schlafsacks.

05. Stecken Sie die beiden Teile so ineinander, dass die Stoffe rechts auf rechts liegen.

06. Stecken Sie die obere Öffnung mit Stecknadeln ab und steppen mit 1 cm Nahtzugabe ab.

07. Wenden Sie den Schlafsack.

08. Die Wendeöffnung können Sie nun knappkantig mit Ihrer Nähmaschine oder per Hand zunähen.

09. Legen Sie den innenliegenden Stoff 10 cm nach außen, und formen Sie den Umschlag aus.

10. Fixieren Sie den Umschlag mit Stecknadeln und steppen Sie ihn knappkantig ab, damit die Form bestehen bleibt.

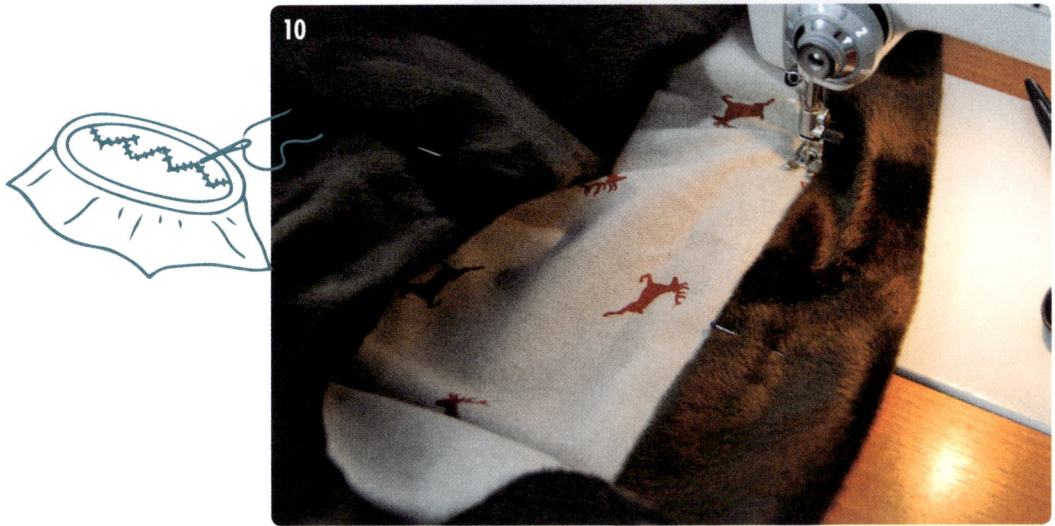

NOTIZEN

. . . .
. . . .
. . . .
. . . .

· BADEMANTEL ·

EINMUCKELN UND SCHNELL TROCKNEN

Was Sie brauchen:

2 x verschiedener Frottee-Stoff (Frottee grün
55 x 45 cm und Frottee Sterne 50 x 65 cm),
1 x Paspelband 4 m, 1 x Klettverschluss
(je 1 x Hakenband + 1 x Flauschband) 5 cm,
1 x Schnittmustervorlage »Bademantel«,
Nähmaschine, farblich passendes Nähgarn,
Stoffschere, Stecknadeln, Maßband, Stift oder
Trickmarker, Bügelbrett und Bügeleisen, Papier

AUCH, WENN ES MAL SCHATTIGER IST, KANN
DER MANTEL IHREN LIEBLING WÄRMEN

45 min ◆◆◇

Ihr Hund liebt Wasser und gern möchten Sie mit ihm einen tollen Tag am Meer verbringen? Dann ist dieser Bademantel genau das Richtige für ihn! Denn dieses Nähstück ist nicht nur überaus praktisch, sondern schützt auch den empfindlicheren Bauch Ihres Hundes vor Nässe und Kälte. Das Anziehen geht fix: Sie ziehen das Halsteil über den Kopf Ihres Hundes und verschließen die Seitenflügel durch den Klettverschluss miteinander über dem Bauch. Natürlich könnten Sie statt des Klettverschlusses auch einen Knopf anbringen, allerdings wären Sie dann nicht so flexibel in Bezug auf die Breite Ihres Hundes. Sollten Sie unterwegs sein und der Bademantel viel Feuchtigkeit gezogen haben, ziehen Sie Ihrem Hund den Mantel wieder aus und hängen ihn zum Trocknen auf. Waschbar ist er natürlich auch. Verwenden Sie vorsichtshalber ein Wäschenetz. Prüfen Sie auch gern einmal, ob Ihr Hund den Bademantel auch trocken spitze findet – vielleicht abends zum Kuscheln im Körbchen. Gerade Hunde, die Enge oder Körperkontakt mögen, lieben oft ihren Bademantel. Sie können den Bademantel nach hinten auch verlängern, dass sogar die Rute mit abgedeckt ist. Der Vorteil wäre nach einem Bad im kalten See, dass das Fell schneller trocknet und die Gefahr der Wasserrute sinkt.

So wird´s gemacht:

01. Zeichnen Sie das Schnittmuster auf Papier. Nehmen Sie Maße an Ihrem Hund und zeichnen Sie den Schnitt anhand des Beispielschnittes auf Ihren Stoff nach.

02. Wenn gewünscht, nähen Sie den Abnäher im unteren Stoffteil (in unserem Fall das Sternenmuster) ein.

03. Paspeln Sie alle Kanten bis auf den Halsausschnitt ein.

04. Im oberen Stoff (siehe Abbildung: grüner Frottee) steppen Sie die kurze Naht zusammen.

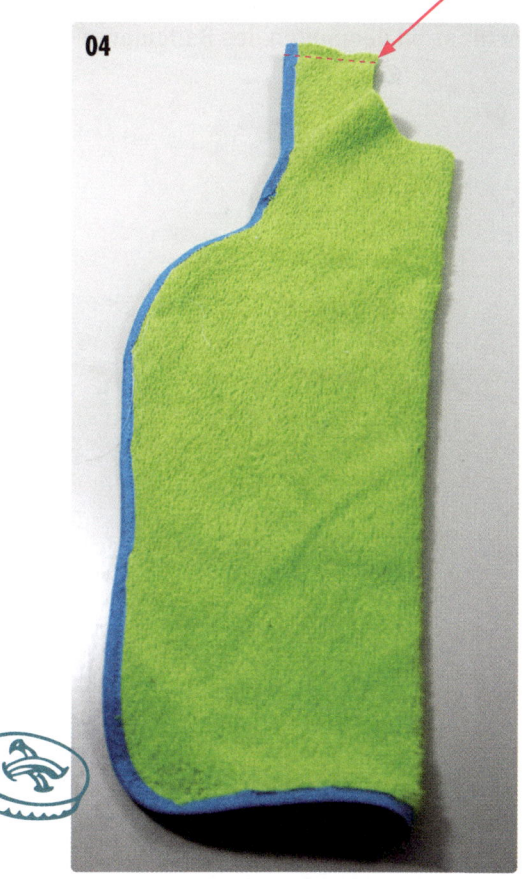

05. Befestigen Sie den unteren Stoff an den oberen Stoff mit Hilfe von Stecknadeln und steppen diesen fest, so dass der Sternestoff mittig unter der Brust zwischen den Vorderläufen liegt.

07. Zum Schluss befestigen sie den Klettverschluss an den Seiten des Bademantels.

06. Nähen Sie den Kragen ein. Nähen Sie die Kragenkante zu. Danach legen Sie den Halsausschnitt rechts auf rechts und steppen rundherum alles fest. Danach legen Sie den Kragen und die Nahtzugabe um und steppen entweder von der rechten Seite mit der Maschine oder von innen per Hand ab.

NOTIZEN

. . . .
. . . .
. . . .
. . . .

· KISSEN MIT HOTELBEZUG ·

SUPERSCHÖNE KISSEN BLTZSCHNELL GEMACHT

PASSEN SIE DIE GRÖßE DES KISSENS DER GRÖßE IHRES HUNDES AN

Was Sie brauchen:

1 x Baumwollstoff (türkis-kariert) 41 cm x 56 cm, 1 x Baumwollstoff (grün-kariert) 41 cm x 48 cm, 1 x Kissen-Inlett 40 cm x 40 cm, Nähmaschine, farblich passendes Nähgarn, Maßband, Stoffschere, Stift oder Schneiderkreide, Stecknadeln

30 min   ◆◇◇

Vieles lässt sich mit Kissen wunderbar dekorieren – so auch das Hundekörbchen. Es sieht nicht nur toll aus, sondern ist auch total kuschelig, was nicht nur wir Zweibeiner lieben. Dieses Nähprojekt ist im Handumdrehen umgesetzt und ein tolles Mitbringsel. Das Kissen können Sie an der Größe Ihres Hundes anpassen.

Sie können entweder ein fertiges Kissen-Inlett verwenden oder nähen schnell selbst eins. Der Vorteil ist, dass Sie das Füllmaterial selbst bestimmen können. Wenn Wärme Ihrem Hund gut tut und er es mag, können Sie es beispielsweise auch mit Kirschkernen oder Ähnlichem befüllen, im Backofen kurz (!) erwärmen, dann

in den Kissenbezug stecken und Ihrem Hund das Wärmekissen ins Körbchen legen.

Und wenn Sie schon dabei sind, Ihrem Hund eine Kuschelecke einzurichten.... dann gönnen Sie ihm auf seinen Kissen und Decken Ruhe und Entspannung. Gerade für Hunde mit einer hohen Erregungslage ist es eine gute Möglichkeit, um herunterzufahren. Fordern Sie dort auch keine Übungen von Ihrem Hund ein und schützen Sie ihn vor anderen Kontakten in seiner Ruhezone. Bei diesem Projekt erleichtert eine Overlock-Maschine einen Arbeitsschritt, denn sie schneidet einen Stoffrand gerade ab und versäumt gleichzeitig den Stoff. Haben Sie keine Overlock-Maschine, prüfen Sie Ihre

HIER GEHT´S WEITER ➔

Nähmaschine, denn viele Maschinen haben ein Zusatzprogramm, das den Overlock-Stich simuliert. Den Stoff müssen Sie dann nur noch sauber abschneiden.

Wenn Sie den Hotelverschluss doch verschließen möchten, benutzen Sie bitte einen Klettverschluss, da Knöpfe oder ein Reißverschluss schnell interessante Knabbergegenstände werden können und Ihr Hund das Kissen über längere Zeit zur freien Verfügung – und damit auch mal ohne Aufsicht – hat. Der Klettverschluss kann zuerst geklebt (ohne Lösungsmittel!) und anschließend genäht werden. Doppelt hält halt besser...

So wird´s gemacht:

01. Messen Sie das Kissen aus – orientieren Sie sich an den Maßen Ihres Kissen-Inletts. In unserem Fall ist es 40 x 40 cm groß.

02. Schneiden Sie den ersten Stoff zu: Kissen-Inlett plus 1 cm Nahtzugabe und geben Sie 8 cm für den Einschlag/Umschlag dazu. Planen Sie bei rechteckigen Kissen den »Hotelverschluss« an der schmalen Kante ein. (s. Bild grünes Karo 41 x 48 cm). Schneiden Sie den zweiten Stoff zu: Kissenmaße plus Nahtzugabe und geben Sie ein Übermaß für den Umschlag dazu (zur Orientierung für Sie: in unserem Beispiel türkises Karo 41 x 56 cm).

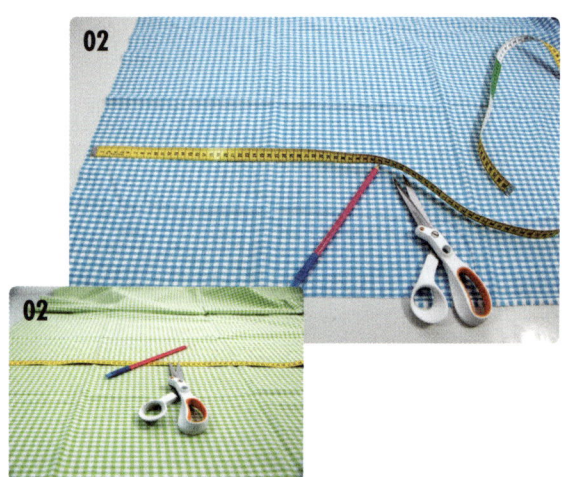

03. Beginnen Sie mit dem kleineren Stoffstück, in unserem Fall grünes Karo: Bügeln Sie den Stoff 1 cm an einer schmalen Kante um und dann um weitere 6 cm auf die linke Stoffseite hin. Steppen Sie das Umgeklappte nun knappkantig ab.

04. Fahren Sie mit dem anderen, größeren Stoffteil (in unserem Fall türkiser Karo-Stoff) fort und bügeln 2 x 1 cm an einer schmalen Kante auf die linke Stoffseite um und steppen diese knappkantig ab.

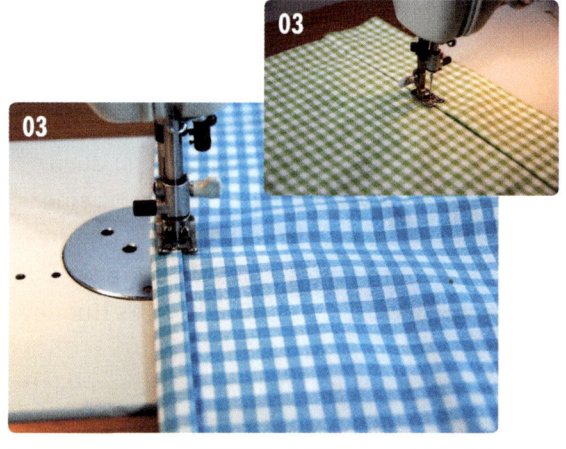

NOTIZEN

· ·

· ·

· ·

05. Legen Sie nun beide Stoffe rechts auf rechts, dabei die untere Kante bündig aufeinander. Die abgesteppten Seiten haben unterschiedliche Längen. Achten Sie darauf, dass die Stoffe gerade ausgerichtet sind. Klappen Sie den unteren größeren Stoff (türkis) auf den kleineren grünen Stoff (grün) um.

06. Mit Stecknadeln befestigen Sie die Stoffe und nähen beide Längsseiten und die untere Kante zusammen. Die Seite oben mit den bereits abgesteppten Kanten, die in Schritt 5 umgeklappt wurde, bleibt offen.

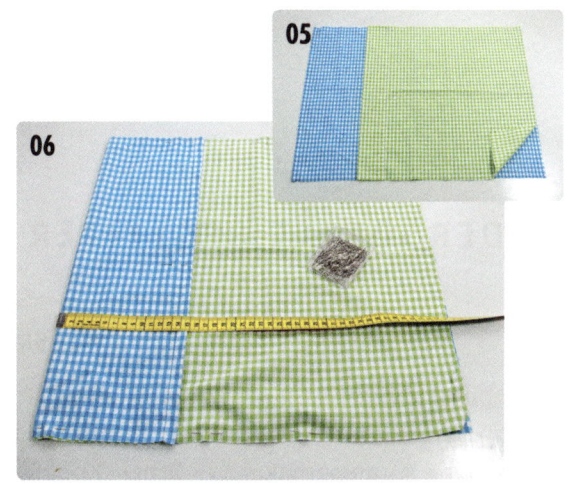

07. Die Nahtzugabe mit einer Overlock Maschine versäubern oder mit dem Zick-Zack-Stich Ihrer Nähmaschine. Dadurch schützen Sie die Nähte vor dem Auftrennen.

08. Wenden Sie nun den Kissenbezug und bügeln Sie die Stoffe glatt.

09. Füllen Sie Ihren Kissenbezug mit einem Inlett.

TIPP

Kissen-Inletts schnell und einfach selbst nähen – so geht's: Sie schneiden zwei Stoffteile zu in der Größe Ihres Kissen-Inletts zuzüglich 1 cm Nahtzugabe, in unserem Beispiel 41 x 41 cm. Sie legen die Stoffe rechts auf rechts aufeinander und nähen alle Seiten rundherum mit einer 10 cm großen Wendeöffnung zusammen. Dann wenden Sie das Ganze, befüllen es nach Ihren Wünschen entsprechend und schließen die Wendeöffnung.

· KOTBEUTELSPENDER ·

DER IDEALE BEGLEITER FÜR JEDEN SPAZIERGANG

Was Sie brauchen:

2 x beschichteter Baumwollstoff (oder Wachtuch) 12 cm x 18 cm, 1 x größere Öse, mindestens 1,5 cm Durchmesser, 1 x Aufhänger-Bändchen (oder Rest von einem Gummiband oder Ähnliches) 3 cm, 1 x Karabinerhaken, 1 x Druckknopf (Kam Snap oder Ähnliches), 1 x Kotbeutelrolle, 1 x Schnittmuster »Kotbeutelspender«, Nähmaschine, farblich passendes Nähgarn, Stoffschere, Maßband, Schneiderkreide oder Trickmarker, Hammer

Kotbeutel – Fehlen Sie Ihnen auch immer oder Sie tragen zig einzelne Tüten in sämtlichen Jacken- und Hosentaschen mit sich herum? Und wenn man mal etwas sucht, kommen statt des Gesuchten viele Tüten einzeln zum Vorschein? Es ist nervig und unangenehm. Schaffen Sie Abhilfe. Nähen Sie sich einen kleinen Ordnungshüter für Ihre Kotbeutel. Verwenden Sie am besten beschichtete Baumwollstoffe oder Wachstücher, so ist Ihr Kotbeutelspender auch noch wasserfest und -abweisend. Sobald Ihr Kotbeutelspender fertig ist, können Sie ihn an Ihrer Jacke oder ihrem Futterbeutel befestigen

– so haben Sie ihn immer dabei und er geht nicht verloren. Achten Sie bitte darauf, dass Ihr Hund den Kotbeutelspender nie zur freien Verfügung hat. Es besteht Verletzungsgefahr und/oder die Gefahr des Verschluckens. Bei diesem Nähprojekt verwenden wir Druckknöpfe. Diese bekommen Sie als Set zusammen mit dem erforderlichen Werkzeug. Nutzen Sie zuerst

60 min   ◆◆◇

DOWNLOAD:
http://bit.ly
2y7rQo8

den Teil des Knopfes mit dem kleinen Knubbel. Zeichnen Sie an der gewünschten Stelle mit Schneiderkreide oder einem Trickmarker eine Markierung auf den Stoff und auf den Knubbel. Damit markiert man die Gegenstelle im Stoff, an dessen Stelle das Knopfgegenstück kommt.

Nun kann der Druckknopf befestigt werden. Wenn Sie öfter mit Ösen arbeiten, lohnt sich statt der »Klemme-und-Hammer-Methode« die Anschaffung einer Variozange, die Ihnen die Arbeit erleichtert.

So wird´s gemacht:

01. Schneiden Sie die gebügelten Stoffe entsprechend des Schnittmusters zu.

02. Legen Sie die Stoffe rechts auf rechts aufeinander und steppen Sie die untere Kante zusammen. Lassen Sie eine Wendeöffnung offen. Bitte beachten Sie: Je gröber und dicker die jeweiligen Stoffe sind, desto größer sollte die Wendeöffnung sein.

03. Bügeln Sie die Nähte auseinander und kürzen Sie, falls nötig, mit der Schere noch überschüssige Reste.

04. Legen Sie die Umbruchkante so um wie die Tasche später hoch sein soll (in unserem Beispiel ist das bei 10 cm von der unteren Kante aus gemessen).

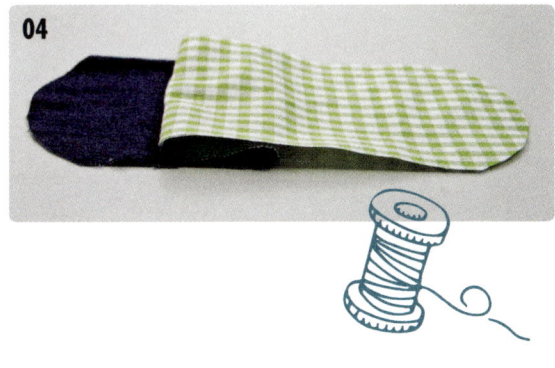

05. Stecken Sie das Aufhänger-Bändchen an der Markierung des Schnittes zwischen beiden rechten Stofflagen fest.

08. Schneiden Sie die Nahtzugaben und überstehenden Fäden ab. Die Ecken schneiden Sie diagonal ab und die Rundungen bekommen Sie gut hin, wenn Sie senkrecht kleine Dreiecke mit einer feinen Schere einschneiden.

06. Die zweite Stoffseite schlagen Sie nun auch hoch und stecken die Seiten als auch die Rundung mit Stecknadeln fest.

07. Steppen Sie die Kanten rundherum fest. Achtung: Lassen Sie die untere Seite offen, dadurch wird später gewendet.

09. Wenden Sie den Korpus des Spenders zuerst durch die untere Öffnung und dann ein zweites Mal durch die Wendeöffnung der ersten Steppnaht. Anschließend arbeiten Sie die Ecken und Rundung schön aus und bügeln Ihr Werk.

10. Steppen Sie die Wendeöffnung knapp ab oder per Hand mit dem Leiterstich.

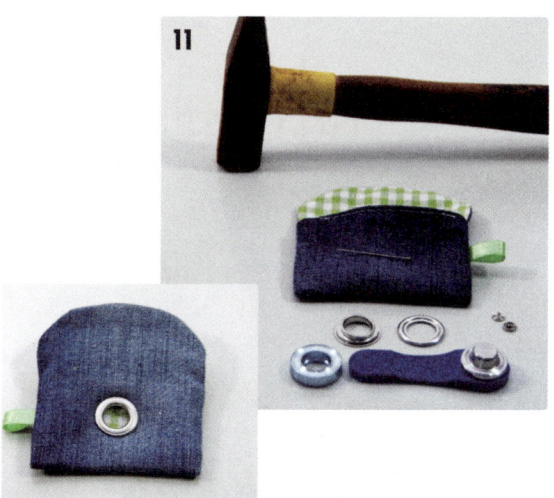

11. Schlagen Sie die Niete ein. Wenn Sie möchten, können Sie alternativ auch ein Knopfloch einarbeiten, um den Kotbeutel durchziehen zu können.

12. Bringen Sie den Druckknopf an. Nehmen Sie Kam Snaps, ansonsten gehen auch die üblichen Metalldruckknöpfe, die von Hand angenäht werden können.

13. Legen Sie die Kotbeutelrolle ein und ziehen den Anfang durch die Öse und befestigen Sie den Karabinerhaken an dem Aufhänger-Bändchen.

Notizen

· ·
· ·
· ·
· ·

· STOFFTIER – HUND & EULE ·

TOLLE SPIEL- UND KUSCHELPARTNER

Was Sie brauchen:

1 x Grundstoff 60 cm x 50 cm, 3 x gemusterter, Baumwollstoff (für den Augenhintergrund 10 cm x 20 cm, für den Schnabel 8 cm x 6 cm, für den Bauch 10 cm x 20 cm), 2 x dunkle Kreise mit 7 cm Durchmesser für die Augen, 300 g Füllwatte, 1 Schnittmuster »Stofftier Eule«, Nähmaschine, farblich passendes, Nähgarn, Stoffschere, Stecknadeln, Maßband, Stift oder Trickmarker, ggf. Schnittmusterpapier oder Butterbrotpapier

60 min   ◆◆◇

DOWNLOAD:
http://bit.ly
2y7rQo8

MIT 20 x 25 CM DIE PERFEKTE GRÖßE

Nicht nur Hunde und Kinder finden Kuscheltiere großartig, sondern Sie selbst vielleicht auch?! Dann kann das eine oder andere mehr ja auch nicht schaden... Und wenn Sie vielleicht eingelaufene Kleidung recyceln möchten, eignen sich Stofftiere hervorragend dafür. Für diese beiden Nähprojekte haben wir beispielsweise einen alten Wollpullover verwendet, den wir bei 90 Grad unbeabsichtigt eingekocht haben... C'est la vie. Aber als Stofftier ist er wunderbar kuschelig! Falls Sie »in Produktion gehen« möchten, empfehlen wir Ihnen, die

Schnittmuster Hund & Eule abzupausen – so müssen Sie die Originale nicht zerschneiden. Es gibt ein spezielles Schnittmusterpapier oder für kleinere Vorlagen eignet sich auch Butterbrotpapier. Sie können sich einen Ordner erstellen mit den Originalen, als auch den Kopien. So haben Sie immer alles schnell parat. Wenn Sie im Vorfeld schon wissen, dass Ihr Hund Stofftiere liebt, dann vernähen Sie die Nähte fester, so dass sie haltbarer gegenüber den Zähnen Ihres Hundes werden und er lange Freude daran hat. Überlegen Sie, ob

Ihrem Hund die Stofftiere immer zur Verfügung stehen sollen oder nur zu bestimmten Anlässen. Beides ist möglich. Anstelle von Füllwatte können Sie auch schwerere Materialien nutzen (z. B. Reis), so dass Sie die Stofftiere auch als Buchstützen nutzen können.

So wird´s gemacht:

01. Zeichnen Sie das Schnittmuster in der gewünschten Größe auf und stellen Sie für alle Teile einen Papierschnitt her.

02. Schneiden Sie den Grundstoff 2 x zu.

04. Steppen Sie die Augen auf den Augenuntergrund auf (hier im Beispiel mit Zick-Zack-Stich).

03. Schneiden Sie die restlichen Teile jeweils 1 x zu, außer die Augen – diese bitte 2 x.

FIXIEREN SIE MIT STECKNADELN ALLE TEILE AUF DER GRUNDFLÄCHE

HIER GEHT´S WEITER **51**

05. Nähen Sie alle »Kleinteile« auf einen Grundschnitt auf die rechte Stoffseite auf. Steppen Sie das Dreieck des Schnabels zuletzt auf.

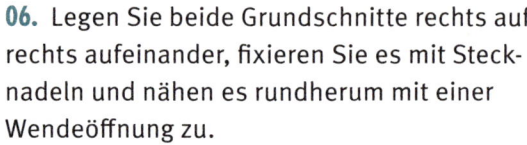

06. Legen Sie beide Grundschnitte rechts auf rechts aufeinander, fixieren Sie es mit Stecknadeln und nähen es rundherum mit einer Wendeöffnung zu.

07. Schneiden Sie die Rundungen ein und kürzen Sie die Nahtzugabe sowie überschüssige Fäden.

08. Wenden Sie den Stoff.

09. Befüllen Sie die Eule mit Füllwatte, bis sie die gewünschte Dicke erreicht hat.

10. Steppen Sie die Wendeöffnung oder nähen es von Hand zu.

Notizen

. . . .

. . . .

. . . .

DOWNLOAD:
http://bit.ly
2y7rQo8

Was Sie brauchen:

1 x Grundstoff 70 cm x 75 cm ,
2 x gemusterter Baumwollstoff
für das Halsband 2 cm x 20 cm,
2 x dunkle Kreise mit 1,5 cm
Durchmesser für die Augen,
200 g Füllwatte, 1 Schnittmuster
»Stofftier Hund«, Nähmaschine,
farblich passendes Nähgarn,
Stoffschere, Stecknadeln,
Maßband, Stift oder Trickmarker

60 min   ◆◆◇

So wird´s gemacht:

01. Zeichnen Sie das Schnittmuster in der gewünschten Größe auf und stellen Sie für alle Teile einen Papierschnitt her.

02. Schneiden Sie den Grundstoff 2 x zu.

03. Schneiden Sie das Halsband und die Augen jeweils 2 x zu.

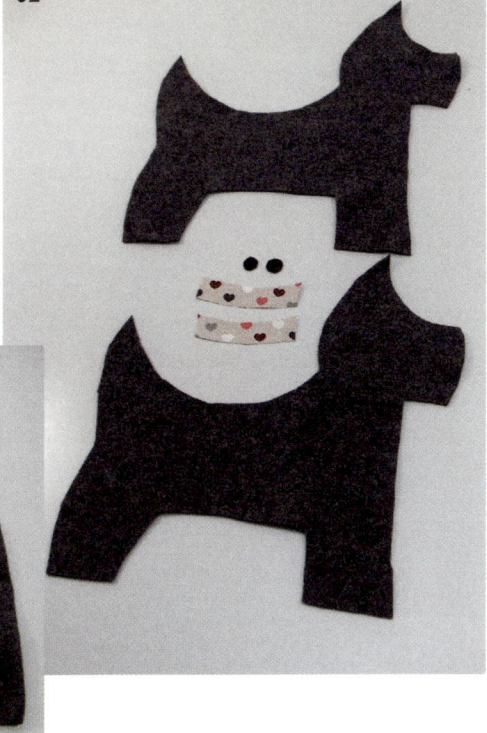

02

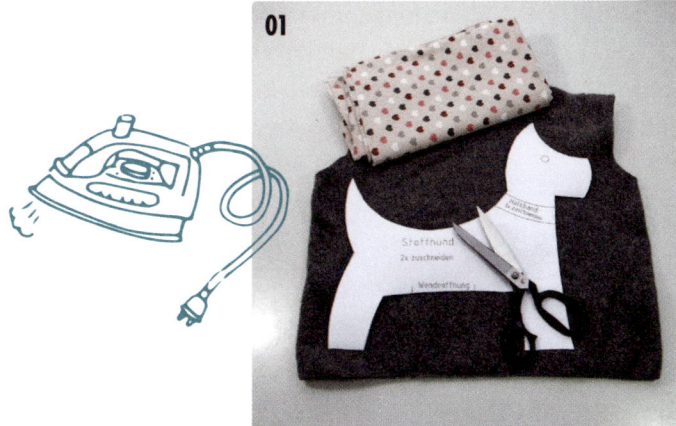

01

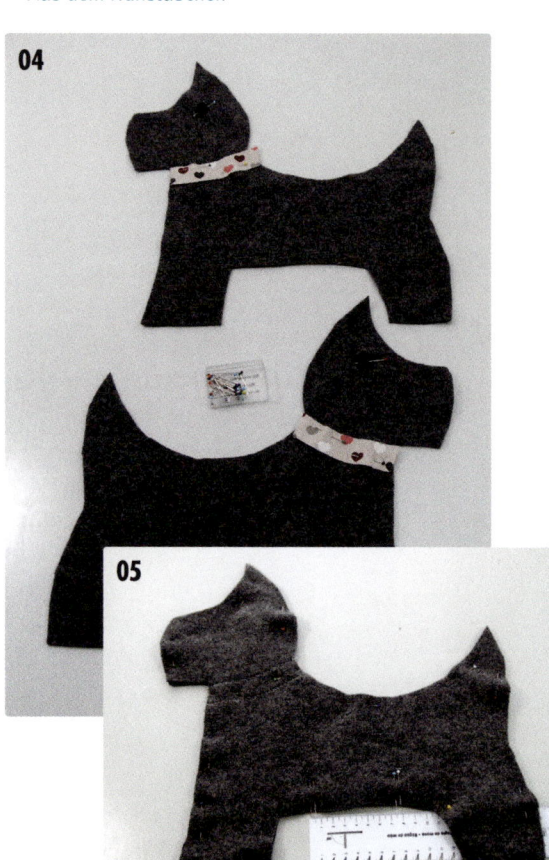

04. Steppen Sie die Augen und das Halsband auf den Grundstoff auf.

05. Legen Sie beide Teile des Grundstoffs rechts auf rechts aufeinander. Achten Sie darauf, dass das Halsband auf gleicher Höhe liegt, fixieren Sie das Ganze mit Stecknadeln und steppen Sie dies nun mit einer Wendeöffnung ab.

TIPP

Rundungen können leicht genäht werden, wenn Sie eine kleine Stichlänge einstellen, circa 1,5 mm. Ihre Nähmaschine näht dann langsamer und Sie können den Stoff leichter in den Kurven/Rundungen steuern. Auch können Sie das Nähfüßchen anheben, wenn die Nadel tief im Stoff steckt, um den Stoff neu auszurichten.

06. Schneiden Sie die Rundungen ein, indem Sie senkrecht mit der Schere kleine Dreiecke einschneiden.

07. Wenden Sie den Hund auf die andere Seite. Füllen Sie den Hund mit Füllwatte.

08. Steppen Sie die Wendeöffnung mit der Nähmaschine zu oder per Hand mit dem Leiterstich.

Notizen

. . . .
. . . .
. . . .

· ZIRBENKISSEN & ZIRBENKNOCHEN ·

ENTSPANNUNGS- UND WOHLFÜHLKISSEN

Was Sie brauchen:

2 x Grundstoff (je nach Wunsch Wollstoff, Fleece, Baumwolle o. ä.) 40 cm x 40 cm, 2 x Baumwollstoff 40 cm x 40 cm für das Kissen-Inlett, ggf. gemusterte Baumwollstoffe für Applikationen, 1 x Reißverschluss 30 cm , 300 g Zirbenspäne, Nähmaschine, farblich passendes Nähgarn, Stoffschere, Stecknadeln, Maßband, Stift oder Trickmarker, Bügelbrett und Bügeleisen

60 min ◆◆◇

Zirbenholz, auch bekannt als Arve, wächst im Hochgebirge. Schon seit vielen Jahrhunderten werden die positiven Eigenschaften für das Wohlbefinden des Menschen und auch bei Tieren genutzt. Zudem riecht es sehr angenehm. Also, ab ins Körbchen mit den Kissen. Nähen Sie auch ruhig Zirbenkissen für Ihr Schlafzimmer. Der eine oder andere Hundehalter hat uns schon verraten, dass er mit den Kissen tiefer und entspannter schlafen würde. Probieren Sie es aus! Achten Sie beim Kauf der Zirbenspäne auf Qualität, denn hier gibt es große Unterschiede. Schauen Sie, dass Sie eine gute naturnahe Quelle beziehen können. Wählen Sie einen dünneren Innenstoff, damit er möglichst viel Zirbengeruch durchlässt. Und wenn Sie es einfacher haben möchten, verwenden Sie als Oberstoff Jersey oder andere elastische Ware. Dann fällt das Hineinstecken des Kissen-Inletts leichter. Um das Kissen hin und wieder aufzufrischen, können Sie ein paar Tropfen Zirbenöl auf die Zirbenspäne träufeln. So haben Sie sehr lange etwas von Ihrem Kissen.

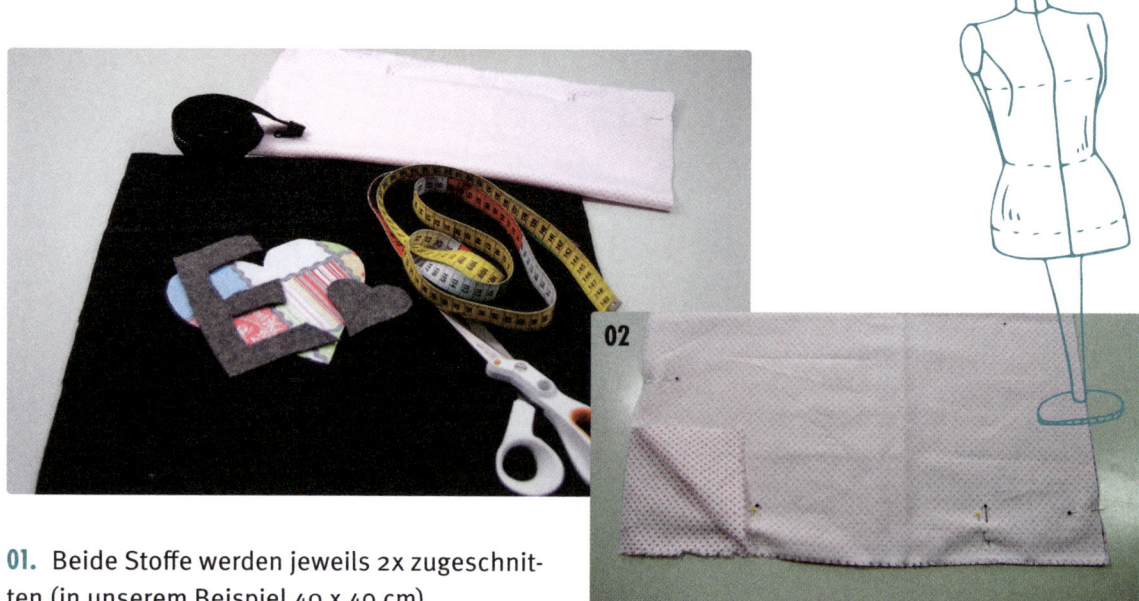

01. Beide Stoffe werden jeweils 2x zugeschnitten (in unserem Beispiel 40 x 40 cm)

02. Beginnen Sie mit dem Kissen-Inlett. Legen Sie beide Innenstoffe rechts auf rechts und steppen Sie bis auf eine Wendeöffnung von 15 cm alles rundherum ab.

03. Wenden Sie das Innenkissen und füllen Sie es mit Zirbenspäne auf.

04. Steppen sie die Wendeöffnung zu.

05. Bearbeiten Sie nun den Grundstoff. Sollten Sie Applikationen auf dem Oberstoff anbringen wollen (z. B. Herzen, Buchstaben oder Ähnliches), beginnen Sie damit. Stecken Sie die Verzierungen an die gewünschte Position auf dem Oberstoff fest und nähen Sie mit einem Zick-Zack-Stich den Rand auf dem Stoff fest.

09

10

06. Fertig dekoriert legen Sie beide Ober-
stoffe rechts auf rechts aufeinander. An
der unteren Kante lassen Sie eine Öffnung
in Reißverschlusslänge zum Wenden.

07. Steppen Sie das Kissen ab.

08. Wenden Sie es durch die Wendeöffnung.

09. Nähen Sie den Reißverschluss ein,
befestigen Sie ihn vor dem Nähen mit
Stecknadeln, so dass er nicht verrutschen
kann.

10. Füllen Sie den Kissenbezug mit dem
Inlett aus Zirbenpäne und schließen Sie
den Reißverschluss.

Notizen

· ·
· ·
· ·

DOWNLOAD:
http://bit.ly
2y7rQo8

Was Sie brauchen:

1 x Oberstoff (je nach Wunsch Wollstoff,
Fleece, Baumwolle oder Ähnliches) 90 cm
x 40 cm, 2 x Baumwollstoff 90 cm x 40 cm
für das Knochen-Inlett, 1 x Reißverschluss
20 cm , 75 g Zirbenspäne, 1 Schnittmuster
»Zirbenknochen«, Nähmaschine, farblich
passendes Nähgarn, Stoffschere, Stecknadeln,
Maßband, Stift oder Trickmarker, Bügelbrett
und Bügeleisen

60 min   ◆◆◇

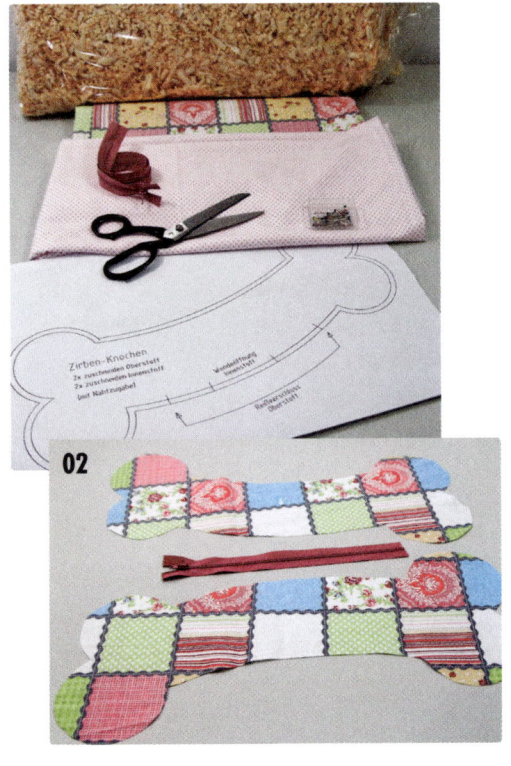

01. Zeichnen Sie das Schnittmuster mit der
Knochenform auf die Stoffe.

02. Schneiden Sie den Inlett- und Oberstoff
jeweils 2 x zu.

03. Nähen Sie den Reißverschluss in den Oberstoff an einer Längsseite ein.

04. Legen Sie den Oberstoff rechts auf rechts aufeinander und steppen rundherum zu.

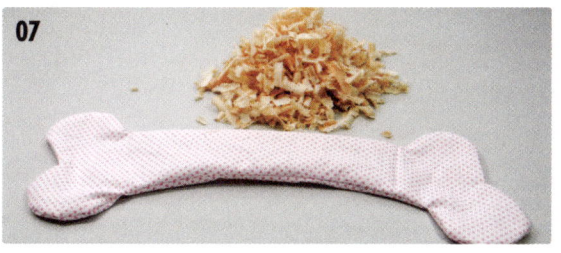

05. Schneiden Sie die Rundungen, Nahtzugaben und überschüssige Fäden ab.

06. Wenden Sie den Knochen.

07. Legen Sie den Inlett-Stoff rechts auf rechts aufeinander und steppen Sie ihn, bis auf eine Wendeöffnung, zu.

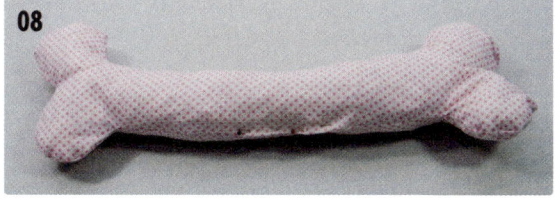

08. Wenden Sie das Ganze und befüllen Sie ihn mit der Zirbenspäne. Befüllen Sie ihn nicht zu stramm, er muss später noch in den Außenstoff passen. Nähen Sie die Wendeöffnung zu.

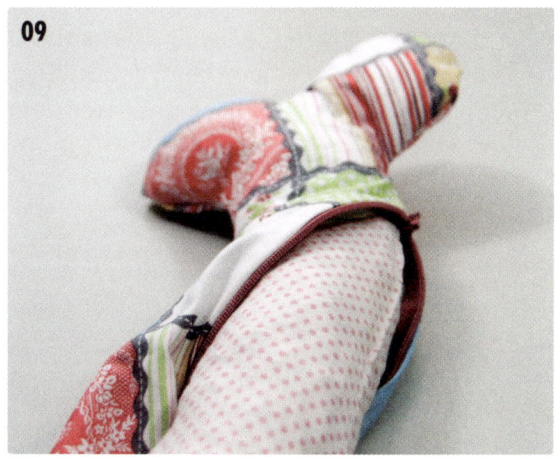

09. Stecken Sie das Zirbenknochen-Inlett in den Außenstoff und schließen Sie den Reißverschluss.

NOTIZEN

. . . .

. . . .

. . . .

·HALSBAND·

IMMER EIN UNIKAT

Was Sie brauchen:

1 x Gurtband (Länge und Breite je nach Halsumfang des Hundes) zuzüglich 20 cm , 1 x schmales, entsprechend der Länge des Gurtbands, 1 x D-Ring, entsprechend der Größe des Gurtbands, 1 x Verschluss, entsprechend der Größe des Gurtbandss, 1 x Leiterschnalle zum Regulieren der Größe, Nähmaschine, farblich passendes Nähgarn, Stoffschere, Maßband, Paket Streichhölzer, Paket Stecknadeln, Stift oder Trickmarker, Bügelbrett und Bügeleisen

60 min   ◆◆◇

So macht der Spaziergang doppelt viel Freude, wenn Sie nicht nur mit Ihrem Hund unterwegs sind, sondern er auch noch Ihre selbstgenähten Halsbänder tragen darf. Auch wir haben festgestellt, dass wenn einen einmal das »Halsband-Fieber« gepackt hat, sicher noch weitere produziert werden. Welcher Hund hat schon genügend Halsbänder? Achten Sie auf umweltfreundliche und gesundheitlich un-bedenkliche Materialien. Beachten Sie, dass Ihr Hund das Halsband länger am Körper trägt, daher sollte es gut verträglich sein und am besten ohne künstliche Gerüche. Mit den richtigen Materialien trägt es sich leichter! Es gibt beispielsweise tolle Verschlüsse aus Aluminium. Diese sind federleicht und werden gerne getragen. Für Hunde mit kurzem Fell eigenen sich auch Verschlüsse aus Kunststoff, die nicht so kalt sind. Alle Materialien müssen individuell auf die Größe Ihres Hundes angepasst werden. Wenn Sie unsicher sind, welche Länge die passende für die Gurt- und Dekorationsbänder sind, schauen Sie sich die bereits vorhandenen Halsbänder Ihres Hundes an. Ggf. haben Sie ein altes Halsband Zuhause, das Sie für diesen Zweck zerschneiden können, um die Größe besser nachzuvollziehen. Achten Sie darauf, dass das Dekorationsband schmaler als das Gurtband ist, da es im späteren Verlauf auf das Gurtband genäht wird und die Ränder des Gutbandes sichtbar sein sollen. Ihrer

Kreativität sind auch bei diesem Nähprojekt keine Grenzen gesetzt. Sie können beispielsweise noch zusätzlich Knöpfe oder Ähnliches auf das Halsband nähen. Nicht nur hübsch, sondern auch praktisch ist es, wenn Sie den Namen Ihres Hundes und/oder Ihre Telefonnummer auf das Halsband sticken. Sollten Sie ein kleines Halsband für einen kleinen Hund haben, der jedoch einen langen Namen hat, können Sie den Namen auch auf die passende Leine sticken. Die Anleitung zur Hundeleine finden Sie auf *Seite 62*.

So wird´s gemacht:

GURTBAND

VERSCHLUSSTEIL 1

LEITERSCHNALLE

DEKORATIONSBAND

VERSCHLUSSTEIL 2

D-RING

01. Messen Sie mithilfe des Maßbandes den Halsumfang Ihres Hundes. Dieser sollte für ein Halsband relativ eng gemessen werden. Zu Ihrem gemessenen Ergebnis addieren Sie noch 20 cm hinzu.

02. Messen Sie nun das Gurtband ab. Die Schnittstelle ergibt sich aus Ihrem Ergebnis von Halsumfang zuzüglich 20 cm.

03. Flämmen Sie die Enden nach dem Schnitt mit Streichhölzern ab, damit das Gurtband nicht ausfranzt.

04. Mit dem Dekorationsband verfahren Sie genauso wie mit dem Gurtband. Prüfen Sie das Material. Nicht immer ist Abflämmen möglich. Falls dies der Fall ist, können Sie die Enden mit Ihrer Nähmaschine vernähen.

05. Legen Sie das Dekorationsband mit der linken Seite auf das Gurtband. Achten Sie darauf, dass das Dekorationsband mittig aufliegt und vom Gurtband auf beiden Seiten der gleiche Abstand zu sehen ist.

06. Stecken Sie beide Bänder mit Stecknadeln fest, damit sie nicht während des Nähens verrutschen.

07. Steppen Sie nun mit Ihrer Nähmaschine das Dekorationsband auf dem Gurtband auf.

08. Schneiden Sie nach dem Vernähen die überschüssigen Fäden ab.

09. Fädeln Sie die Leiterschnalle durch das Gurtband. Die Schnalle sollte sich ca. 5 cm weit auf dem Gurtband befinden. Klappen Sie dann das Gurtband ein, so dass die beiden hinteren Seiten links auf links aufeinanderliegen und die Leiterschnalle nun den Abschluss des Halsbandes bildet

10. Vernähen Sie nun das Ende des Gurtbandes mit einem Kreuz zum Fixieren.

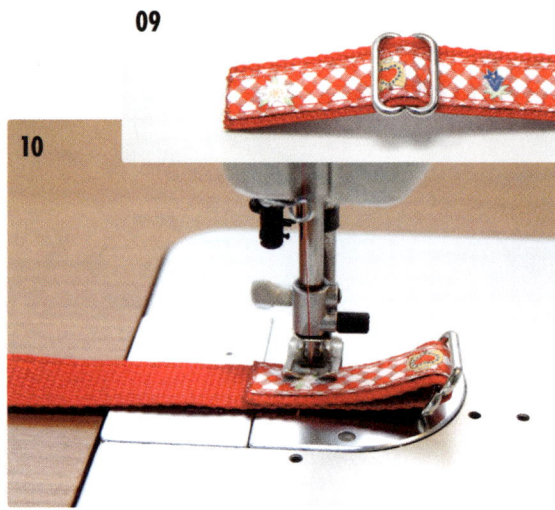

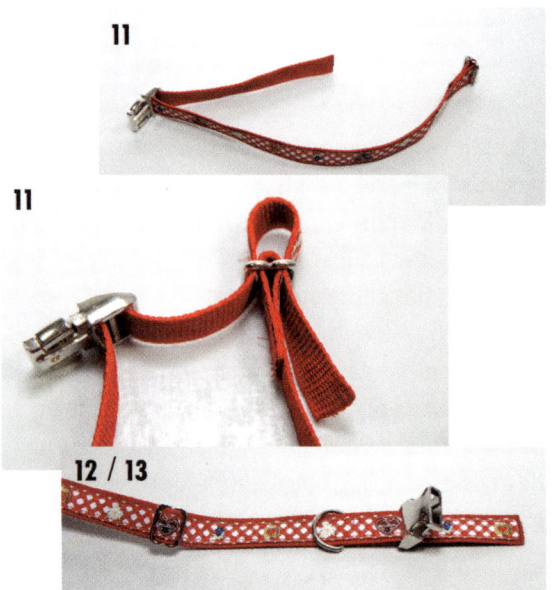

11. Fädeln Sie auf der anderen Seite das Verschlussteil 1 durch das Gurtband. Nehmen Sie das Ende auf und ziehen Sie es durch beide Seiten der Leiterschnalle.

12. Schieben Sie den D-Ring ein. Noch bleibt er lose hängen, er wird in den folgenden Schritten vernäht.

13. Auf das Ende des Gurtbandes setzen Sie nun das zweite Teil des Verschlusses.

14. Klappen Sie nun auch dieses Ende ca. 5 cm auf die hintere Seite ein. Kontrollieren Sie unbedingt vor dem nächsten Schritt die Länge des Halsbandes, so dass es final Ihrem Hund auch passt. Falls nötig, können Sie die Länge kürzen. Durch die großzügige Nahtzugabe ist hier noch eine Anpassung möglich.

15. Nähen Sie mit einem Kreuz das Ende mit dem Halsband fest, wie in Arbeitsschritt 11. Dabei sollte der D-Ring innerhalb der entstehenden Schlaufe liegen.

16. Nähen Sie ein weiteres Kreuz auf das Halsband, so dass der D-Ring zwischen den Kreuzen fixiert werden kann und nicht mehr verrutscht.

17. Schneiden Sie die Fadenenden ab.

18. Nun ist Ihr Hund gefragt. Legen Sie ihm das Halsband an und verstellen Sie die Leiterschnalle so, dass die passende Halsweite eingestellt wird.

TIPP

Anwendung im Alltag: Als Hundetrainer haben wir den Blick natürlich auch immer auf einen stressfreien Alltag. Den können Sie unterstützen, indem Sie Ihrem Hund folgende Handlungskette beibringen:
Auf das Signal »Gassi« bringen Sie ihm bei:
- das Halsband zu holen (es sollte dazu einen festen Platz bekommen, zu dem Ihr Hund Zugang hat und drankommt.)
- das Halsband in Ihre Hand zu geben und er kann
- beim Anziehen des Halsbands helfen.
  So geht's: Halten Sie das geschlossene Halsband vor den Kopf Ihres Hundes und ein Leckerchen auf der anderen Seite. Um an das Leckerchen zu kommen, muss er seinen Kopf durch die Halsung stecken. Und schon ist das Halsband angezogen. Das Leckerchen zum Locken kann später ausgeschlichen werden, wenn die Übung für Ihren Hund verständlich ist.

Dann kann es auch schon losgehen auf den Spaziergang. Viel Spaß!

NOTIZEN

. . . .
. . . .
. . . .

· LEINE ·

FÜR DEN SICHEREN AUFTRITT

Was Sie brauchen:

1 x Gurtband 2 m, 1 x D-Ring,
1 x Rundring, 2 x Karabinerhaken,
Nähmaschine, farblich passendes
Nähgarn, Streichhölzer oder
Feuerzeug, Stoffschere

30 min   ◆◆◇

*KLINGT KOMPLIZIERT? KEINESWEGS.
DIESE LEINE IST SCHNELL ERSTELLT.*

Passend zum selbstgenähten Halsband können Sie Ihrem Hund auch die passende Leine
nähen. Nutzen Sie dieselben Stoffmaterialien
und schon haben Sie ein tolles Duo. Das Beste
ist: Sie können die Länge der Leine selbst
bestimmen und der Größe Ihres Hundes anpassen – also so, dass Sie die Leine stressfrei
halten können, ohne dauernd nach- oder um-
greifen zu müssen. Auch können Sie bestimmen, wie die Handschlaufe bestimmt sein soll.
Entscheiden Sie, welche Haptik Ihnen mehr
Spaß macht – mit oder ohne Handschlaufe.
Das ist u.a. von der Leinenlänge, als auch von

Ihrem persönlichen Gefühl der Hand abhängig. Sie verwenden entweder nur einen oder
zwei Karabiner. Das bleibt Ihrer persönlichen
Vorliebe überlassen. Natürlich können Sie Ihre
Kollektion auch erweitern, indem Sie Leinen in
verschiedenen Längen herstellen. Auch lassen
sich Schleppleinen nach demselben Prinzip
fertigen. Da sich Hundehalter oft individuelle
Leinenlängen wünschen, der Handel aber nicht
immer flexibel reagieren kann, ist selfmade
hier eine gute Option, die perfekte Trainings-
leine herzustellen. Schließlich sollen Hunde-
leinen natürlich nicht nur schön sein, sondern
auch einem Zweck dienen. In einem Notfall
soll Ihr Hund in Ihrem Bereich bleiben und
weder sich noch andere gefährden. Allerdings
schmerzt ein Hineinlaufen in die Leine den
Hund nicht nur, sondern kann unter anderem
auch seine Halswirbel verletzen. Sollten Sie

also gerade schon die Motivation haben, Ihrem Hund eine Freude zu machen, dann halten Sie auch noch einen Blick auf die Leinenführigkeit. Trainieren Sie mit Ihrem Hund, dass er zusammen mit Ihnen an lockerer Leine den Spaziergang genießt. Das schont nicht nur Ihre Nerven und seine Gesundheit, sondern auch das Material, was ansonsten zu schnell ausleiern

könnte. Möchten Sie die Materialien waschen, kann das im Wollprogramm der Waschmaschine gemacht werden. Ein Wäschenetz schützt Ihre Leinen und Halsbänder. Sie können auch jederzeit ein Update auf die Leine setzen, indem Sie Verzierungen oder Stoffbänder auf das Gurtband nähen. Das eignet sich prima zwischen dem 2.und 3. Anleitungsschritt.

So wird´s gemacht:

GURTBAND

KARABINER 1

KARABINER 2

RUNDRING

D-RING

01. Bestimmen Sie die Länge Ihrer Leine. Für eine Standardleine benötigen Sie 2 m Gurtband.

02. Flämmen Sie beide Enden des Gurtbands mit Hilfe von Streichhölzern/eines Feuerzeugs ab. So verhindern Sie, dass sich aus Gurtband an den Enden auflöst.

03

03. Fädeln Sie den D-Ring als auch den Karabinerhaken durch das Gurtband und steppen es mit einem Kreuz fest.

HIER GEHT´S WEITER ⟶ **65**

04. Fädeln Sie im hinteren Drittel den Rundring durch das Ende und vernähen es mit
einem Kreuz. Dieser Rundring kann für das
Durchziehen der Leine bei kürzerer Länge genutzt werden und auch als Befestigung für den
zweiten Karabiner als Handschlaufe.

05. Der zweite Karabiner wird am offenen Ende
eingesetzt und ebenfalls mit einem Kreuz fest-
gesteppt. Nun ist die Leine schon fertig!

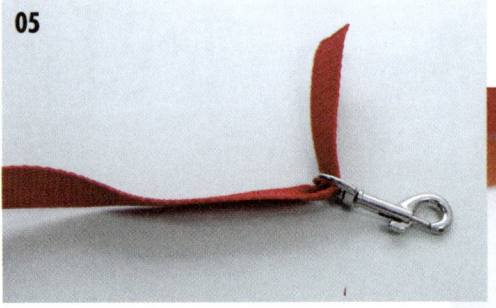

TIPP

Wer es einfach mag, nimmt nur
einen Karabiner, befestigt diesen
und macht am anderen Ende eine
Handschlaufe!

NOTIZEN

. . . .
. . . .
. . . .

· SCHNÜFFELKORB ·

AUSLASTUNG FÜR »SCHLECHTWETTERTAGE«

Was Sie brauchen:

3 x Fleece-Stoff in verschiedenen Farben (250 g/qm dick), 1 x Plastik- oder Metallkorb, entsprechend der Hundegröße, Stoffschere

60+ min   ◆◇◇

EIN NETTER ZEITVERTREIB FÜR SCHLECHTES WETTER

Nicht nur schön sieht er aus, er ist auch ganz einfach in der Herstellung: Der Schnüffelkorb. Mit seiner Hilfe können Sie Ihren Hund schnell auslasten. In diesem »Zauberkörbchen« verstecken Sie Leckerchen, die es für Ihren Hund zu suchen gilt. Dadurch, dass die Stoffstreifen so eng liegen und Ihr Hund seine Nase tief in den Korb stecken muss, lasten Sie ihn kognitiv sehr gut aus. Die Nasenleistung strengt unsere Hunde nämlich mehr an, als etwas über Sicht zu suchen. Probieren Sie's aus! Weitere Tipps zur Nutzung im Alltag haben wir weiter unten etwas ausführlicher für Sie beschrieben. Wir wünschen Ihnen und vor allem Ihrem Hund viel Spaß! Vielleicht möchten Sie auch anderen eine Freude machen? Da sich der Schnüffelkorb ganz leicht herstellen lässt, lohnt sich gleich die Produktion mehrerer Körbe. Überlegen Sie

doch einfach, wer von Ihren Hundefreunden begeistert wäre, solch einen Schnüffelkorb von Ihnen zum Geburtstag/Feiertag oder einfach zwischendurch geschenkt zu bekommen. Ihre Freunde werden begeistert sein! Sie können ganz unterschiedliche Farben oder Korbgrößen wählen. So bleibt es immer ein Unikat. Der Korb kann sowohl aus Plastik als auch aus Metall sein. Machen Sie die Größe des Korbes von dem Hund abhängig. Er sollte seine Nase hineinstecken und seinen Kopf trotz der Fleece-Streifen in alle Richtungen frei bewegen können. Haben Sie »alte« Fleece-Decken Zuhause, können Sie diese jetzt sehr wunderbar recyceln. Achten Sie aber bitte darauf, dass der Fleece-Stoff eine Dicke von mindestens 250gr/qm hat, ansonsten fehlt den Streifen die Standfestigkeit. Die Verwendung eines Anti-Pilling-Fleece eignet sich am besten, denn dieser Fleece-Stoff ist schnelltrocknend und atmungsaktiv. Das ist für Ihren Hund sehr angenehm, wenn er seine Nase suchend in den Korb steckt. Fleece-Stoff ist leicht zu reinigen und trocknet gut. So können Sie kleine Krümelflecken schnell mit einem feuchten Schwamm säubern und die betroffene Stelle etwas luftiger trocknen lassen. Ist mal ein zu großes Malheur – etwa durch zu viele Speichelfäden

– passiert, kann der einfache Knoten auch schnell wieder gelöst werden und der einzelne Streifen in einem Wäschenetz in der Waschmaschine gewaschen werden. Nach dem Trocknen wird er wieder verknotet und weiter geht der Spielespaß! Möchten Sie ein Muster in den Korb knoten, empfehlen wir Ihnen, eine Papierschablone zu erstellen. Diese schneiden Sie aus und legen Sie auf die Rückseite des Korbes. So können Sie das Muster abgrenzen und beginnen das Muster zu knoten und danach erst den Rest des Korbs.

So wird´s gemacht:

▶ *Sie sowohl einen Metallkorb, als auch einen Kunststoffkorb verwenden. Denken Sie daran bei dem Metallkorb die Henkel abzumontieren.*

01. Schneiden Sie den Fleece-Stoff in ca. 4 x 40 cm lange Streifen. Je größer der Korb ist, desto größer / länger sollten die Streifen werden. Mischen Sie die Farben nach Ihrer Vorstellung.

02. Nehmen Sie sich nun einen Streifen und fädeln Sie diesen von außen nach innen durch zwei benachbarte Löcher des Korbs. Ziehen Sie beide Streifenenden nach innen durch. Dabei sollten beide Teile gleich lang sein.

03. Fixieren Sie nun den Streifen mit einem einfachen Knoten.

04. Verknoten Sie weitere Streifen in dem Korb, bis alle Lücken geschlossen sind.

DER KORB SOLLTE KEINE SPITZEN KANTEN UND ECKEN HABEN, AN DENEN SICH IHR HUND VERLETZEN KÖNNTE.

TIPP

Unsere Tipps für die Anwendung im Alltag
Sie können den Korb auf mehrere Arten nutzen. Zum einen können Sie den Korb mit Leckerchen bestücken und diese tief in den Streifen verstecken. Dann kann es auch schon loslegen und Ihr Hund kann die Leckerchen aus dem Korb suchen und fressen. Je mehr Leckerchen er suchen soll, desto länger ist er beschäftigt. Zählen Sie die Leckerchen, die Sie verstecken. Beobachten Sie Ihren Hund, werden Sie feststellen, wieviel Zeit er für die Leckerchensuche benötigt. Zudem können Sie den Korb wieder entleeren, falls Ihr Hund ein oder zwei Leckerchen hat liegenlassen. So bleibt der Korb lange sauber.
Zum anderen können Sie auch ein gemeinsames Spiel mit Ihrem Hund daraus machen. Gerade, wenn Ihr Hund ein begeisterter Schnüffelhund ist und Ihren Fährten gerne folgt, eignet sich dieser Korb, um das zu suchende Objekt dort drinnen zu verstecken. Er muss Ihnen nun den von Ihnen gewünschten Gegenstand bringen. Beachten Sie jedoch bitte, dass ihm das passende Signal zuvor beigebracht werden muss.
Kann Ihr Hund Gegenstände unterscheiden und geruchlich zuordnen, darf dieses »Zauberkörbchen« auch noch andere Gegenstände beinhalten. Bringt Ihr Hund Ihnen das gewünschte Objekt, wird er kräftig gelobt. Bringt er Ihnen das falsche Objekt oder gar keins, ignorieren Sie das und beginnen das Spiel von Neuem. Da es sich immer lohnt, dass Ihr Hund eine hohe Erfolgsquote hat, machen Sie es zu Beginn ganz leicht und stecken erst nur das zu suchende Objekt in den Korb. Sitzt dieser Ablauf, kommt die erste Attrappe dazu usw.

NOTIZEN

· ·

· ·

· ·

·SCHNÜFFELTEPPICH·

DER GROSSE SCHNÜFFELSPASS

KLEINER
TEPPICH
01

FÜR KLEINERE HUNDE BIS
MAXIMAL 25 CM GRÖßE

Was Sie brauchen:

3 x Fleece-Stoff in verschiedenen Farben, (250 g/qm dick) , 1 x Unterlage, die als Gerüst dient (Gummieinlage mit Löchern z. B. für Spülbecken oder gummierte Fußmatte mit Löchern), Stoffschere, Maßband, Stift oder Trickmarker

45+ min ◆◇◇

Die Menge der Fleece-Streifen richtet sich nach der Größe der Unterlage:

Kleiner Teppich: Als Unterlage dient eine handelsübliche Spülbeckeneinlage: ca. 160 Streifen á 4 cm x 40 cm

Mittlerer Teppich: Fußmatte ca. 40 x 40 cm: ca. 400 Streifen á 4 cm x 40 cm

Großer Teppich: Fußmatte ca. 40 x 60 cm: ca. 570 Streifen á 4 cm x 40 cm

Sie möchten Ihren Hund gerne über seine Nase auslasten, aber Ihre Körbe nicht dafür opfern? Kein Problem – eine tolle Alternative bietet dieser Schnüffelteppich, den Sie ebenfalls ganz leicht selbst herstellen können. Der Vorteil ist, dass er größeren/schwereren Hunden mehr

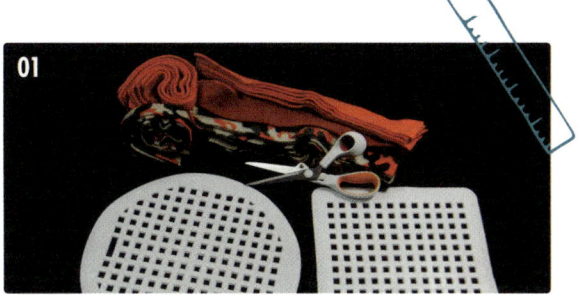

Widerstand beim Schnüffeln bietet. Leider ist er im Ganzen wegen der Materialien und des Gewichts nicht in der Waschmaschine waschbar. Stellen Sie doch einfach beides her und finden sie heraus, was für Ihren Hund die beste Schnüffelvariante ist.

Wie beim Schnüffelkorb gilt auch hier: Die Farben können Sie individuell anordnen. So ist es Ihnen beispielsweise möglich, auch farbige Zonen zu bilden, um Leckerchen nur gezielt in einem Bereich zu verstecken.

Als Teppichunterlage verwenden Sie am besten eine gummierte Spülbeckenunterlage oder eine Fußmatte. Beides können Sie Ihrer Wunschgröße entsprechend zuschneiden. Günstig sind die Fußmatten oder Spülmatten oft als Restposten in Geschäften zu erhalten. Bei schlechtem Wetter oder wenig Zeit kann solch ein Schnüffelteppich sehr dienlich sein. Sie können Ihren Hund ganz schön fordern, in dem Sie gezielt ein oder mehrere Leckerchen tief in die Fleece-Streifen stecken. Auch können Sie den Schwierigkeitsgrad erhöhen, indem Sie mehrere Schnüffelteppiche nebeneinanderlegen und nur ein Leckerchen verstecken. Damit hat Ihr Hund erst einmal gut zu tun und Sie dürfen nach getaner Herstellung die Füße auch mal hochlegen, Ihr Liebling ist ja gut beschäftigt.

So wird´s gemacht:

01. Legen Sie die kleine Spülbeckenunterlage bereit.

02. Schneiden Sie den Fleece-Stoff in 4 cm x 40 cm lange Streifen.

03. Fädeln Sie die Fleece-Streifen von unten nach oben in die vorhandenen Löcher. Beide Enden sollten nun gleich lang gehalten werden. Fixieren Sie beide Enden mit einem einfachen Knoten. Die Knoten sollten auf der Oberseite der Matte liegen.

EIN GROßER TEPPICH KANN AUCH EIN PROJEKT ÜBER MEHRERE TAGE WERDEN, DA DAS KNOTEN DOCH EINE ZEIT LANG DAUERN WIRD.

GROSSER TEPPICH 02

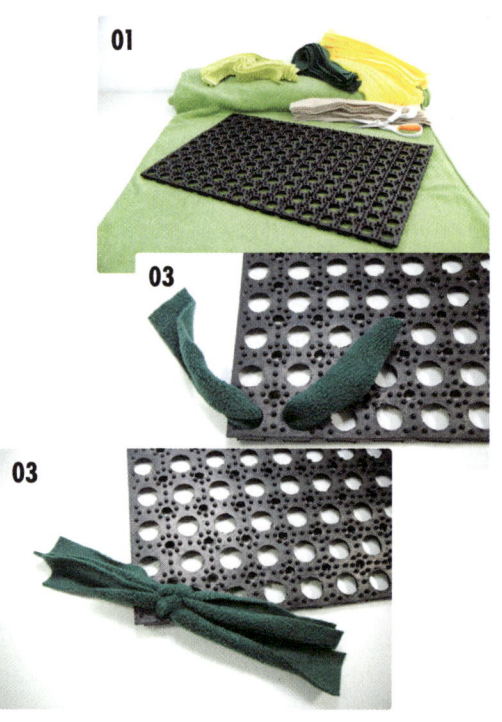

01

03

03

So wird´s gemacht:

01. Legen Sie die kleine Spülbeckenunterlage bereit.

02. Schneiden Sie den Fleece-Stoff in 4 cm x 40 cm lange Streifen.

03. Fädeln Sie die Fleece-Streifen von unten nach oben in die vorhandenen Löcher und fixieren Sie sie mit einem einfachen Knoten. Aufgrund der Lochgröße werden pro Loch 2 Streifen eingesetzt (Die Knoten liegen auf der Oberseite der Matte). Wichtig: Sie können durch alle Löcher (längs- und quer) jeweils 2 Streifen durchziehen und einzeln verknoten. So wird der Teppich sehr dicht und Leckerchen können nicht durchfallen. Ihr Hund hat dadruch auch etwas mehr zu tun, da er sich durch die verschiedenen Schichten schnuppern muss. Fixieren Sie beide Enden mit einem einfachen Knoten. Die Knoten sollten auf der Oberseite der Matte liegen.

NOTIZEN

. . . .

. . . .

. . . .

· FLEECE-ZERGEL ·

DAS SPIELZEUG FÜR »REISSENDE« ABENTEURER

Was Sie brauchen:

3 x Fleece-Stoff in verschiedenen Farben, große Haarspange/Klemme, Stoffschere

45 min ◆◇◇

NICHT NUR ZUM ZERGELN, SONDERN AUCH FÜR TRICKS

In unserem Beispiel haben wir Fleece verwendet. Es eignet sich hervorragend, da es keine Fäden zieht. Bitte beachten Sie bei der Fertigung jedoch: Fleece ist ein Material, das nur in eine Richtung elastisch ist. Schneiden Sie die Fleece-Streifen daher so, dass sie nicht nachgeben, da der Zergel sonst schnell ausleiert. Sie können die Materialien selbstverständlich auch verändern, um individuell zu bestimmen, welcher Zergel für welchen Hund am besten geeignet ist. Taue eignen sich auch sehr gut – insbesondere für größere Hunde und Hunde mit einem festen Biss, da Taue je nach Dicke stabiler sein können.

Außerdem haben Sie die Möglichkeit, in der Länge weitere Bänder aneinanderknoten. Je mehr Farben Sie wählen, desto bunter wird Ihr Zergel. Ihr Hund kann am besten die Farbtöne gelb und blau sehen. Wählen Sie diese Töne, erkennt er den Zergel also am besten.

Doch nicht nur zum Spielen kann der Zergel eingesetzt werden. Möchten Sie vielleicht Ihrem Hund beibringen, die Küchenschranktüre zu öffnen? Dann legen Sie das Zergel einmal um den Kühlschrankgriff. Motivieren Sie Ihren Hund und – sofern ihm der Zergel bereits bekannt ist – beißt er meist beherzt hinein und geht einen Schritt zurück. Loben Sie diesen Augenblick. So wird Ihr Hund motiviert sein, den Zergel auch am Küchenschrank in sein Maul zu nehmen, wenn Sie es bewusst dorthin hängen.

WÄHLEN SIE DIE FARBEN FREI NACH IHREM GE-
SCHMACK. ALLES, WAS IHNEN GEFÄLLT, IST ERLAUBT.

So wird´s gemacht:

01. Schneiden Sie mit der Stoffschere drei Streifen, die eine Breite von ca. 4,5 cm haben und für einen mittelgroßen Hund ca. 1,20 m lang sein können. Je größer Ihr Hund ist, desto breiter können die Streifen gewählt werden.

02. Fassen Sie alle drei Streifen so zusammen, dass die Enden alle aufeinanderliegen.

03. Klemmen Sie nun die Haarspange ca. 12 cm – 15 cm vom Anfang der Bänder entfernt in die drei Stoffe. Dies ist nur zur besseren Fixierung während des Arbeitsschrittes gedacht.

04. Flechten Sie nun die längeren Enden ein bis Sie einen gleichen Abstand zum Ende wie zum Anfang haben.

05

05. Entfernen Sie die Spange am Anfang und festigen Sie die Bänder durch einen Knoten.

06. Nach eigenem Belieben können Sie die Länge der überstehenden Bänder mit der Schere kürzen oder auch beide Enden miteinander verknoten.

06

PRAKTISCH PASST DER FLEECE-ZERGEL ÜBERALL HIN UND IST SOMIT FÜR DEN SPAZIERGANG EIN TOLLER BEGLEITER, DA ER DURCH DAS GEWÄHLTE MATERIAL SEHR LEICHT IST.

TIPP

Richtig »zergeln«

Das Thema »Zergeln« ist recht heikel und wird viel diskutiert. Alle Anmerkungen, sowohl positive als auch negative, haben ihre Berechtigung. Prüfen Sie Ihren Alltag und Ihren Hund. Schauen Sie, ob Sie Ihrem Hund ein Zergel zur Verfügung stellen möchten.

Jeder ist sich bewusst, dass es zu Verletzungen kommen kann. Oft möchte man seinem Hund jedoch auch den Gefallen tun, wenn er ihn so liebt. Um Verletzungen zu vermeiden, empfehlen wir folgenden Umgang mit einem Zergel:

- Der Zergel sollte Ihrem Hund nie ohne Aufsicht zur freien Verfügung stehen. Räumen Sie ihn nach dem Spiel weg, so dass Ihr Hund nicht von sich aus darankommt.
- Der Zergel sollte nach dem Spiel immer kontrolliert werden, ob es intakt ist, andernfalls sollte er ausgetauscht werden.
- Verhindern Sie, dass Ihr Hund auf dem Zergel herumkaut.

NOTIZEN

· ·

· ·

· ·

· LOOPSCHAL ·

FÜR DEN MODEBEWUSSTEN HUND

DOWNLOAD:
http://bit.ly
2y7rQo8

Was Sie brauchen:

1 x elastischer Stoff (Jersey, Fleece oder Ähnliches), 16 cm x 32 cm, 2 x Ösen und eine Ösenklemme, 1 x Gummiband, entsprechend des Halsumfang Ihres Hundes zuzüglich 15 cm, 1 x Stopper, entsprechend der Größe des ausgewählten Gummibandes, 1 x Schnittmuster, Stoffschere, Nähmaschine, farblich passendes Nähgarn, Maßband, Hammer – um die Ösen zu befestigen

40 min ◆◆◇

FÜR EIN ENTSPANNTES NÄHEN LEGEN SIE SICH
ALLE MATERIALIEN AM ANFANG ZUSAMMEN

Nicht selten findet man Hund und Mensch im Partnerlook. Warum also nur sich selbst etwas Hübsches nähen? Nicht nur im Winter ist dieser Loopschal ein echter Hingucker. Für verschiedene Jahreszeiten und Temperaturen können Sie dickere oder entsprechend dünnere, luftigere Stoffe wählen. Sie sollten allerdings atmungsaktiv sein. Wählen Sie auch das Nähgarn bedacht aus. Sie können mit der Naht tolle farbliche Akzente setzen oder sie unauffällig verlaufen lassen. Probieren Sie aus, was Ihnen am besten gefällt. So wächst die Hundegarderobe schnell an! Gerade für optisch ähnliche Hunde ist es für Außenstehende eine gute Hilfe, wenn Sie den Hund über die Loops unterscheiden können. Erwartet Ihre Hündin Welpen, sind selbstgemachte Loopschale eine gute Unterscheidungsmöglichkeit der kleinen Racker.

So wird´s gemacht:

01. Messen Sie das Schnittmuster entsprechend am Hund aus: Breite x 2 / Länge + 4-10 cm extra (ja nach Hunderasse und Felldicke) – Details siehe Schnittmuster.

02. Schneiden Sie mit Hilfe der Stoffschere die Stoffe zu.

03. Schlagen Sie die Ösen an der Vorderseite mit einem Hammer ein. (Falls Sie keine Verstellmöglichkeit benötigen, lassen Sie diesen Arbeitsschritt einfach weg.)

04. Als Wendevariante ohne Verstellmöglichkeit: Teilen Sie den Schnitt einfach in der Mitte, geben Sie die Nahtzugabe an der Kante hinzu und steppen Sie die zwei Stoffe an den langen Kanten ab. Die Ösen werden bei der Wendevariante weggelassen.

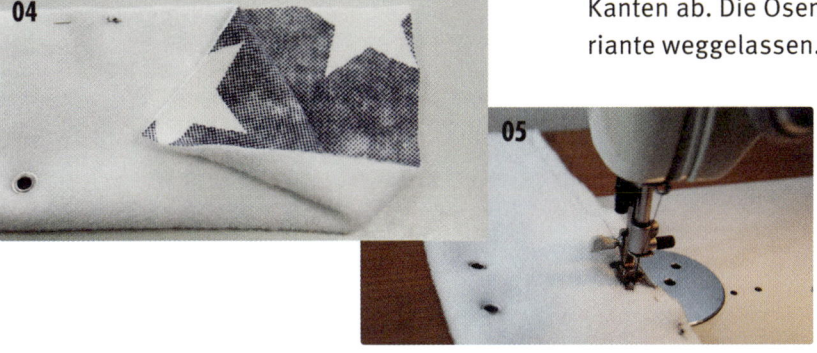

05. Legen Sie die lange Stoffkante rechts auf rechts aufeinander und steppen Sie die lange Stoffkante ab.

06. Wenden Sie den Schlauch, so dass die schöne Seite außen liegt.

07. Krempeln Sie nun an den kurzen Enden um, so dass die gekrempelte Seite rechts auf rechts liegt, um nun die kurze Seite zu steppen.

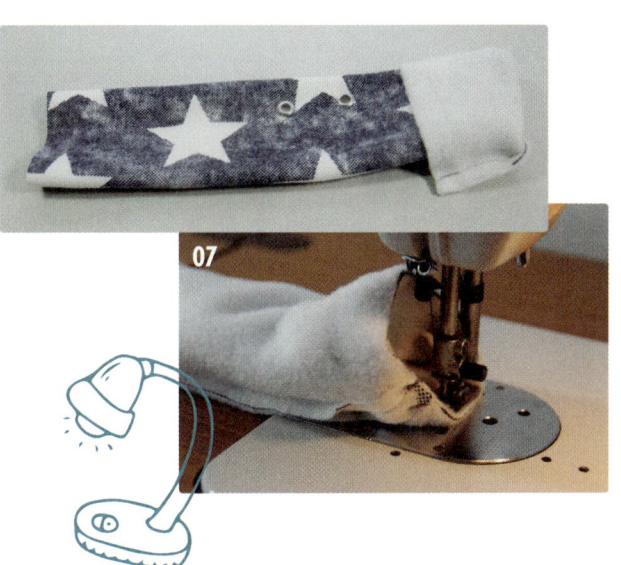

HIER GEHT´S WEITER ⟶

08. Lassen Sie eine Wendeöffnung offen und achten Sie darauf, dass die Nähte der Längsnaht aufeinanderliegen. Dann sieht es später passend und hübscher aus.

09. Wenden Sie nun den Loopschal wieder zurück.

10. Ziehen Sie den Gummizug durch die Öffnungen der Ösen.

11. Flämmen Sie die Enden des Gummizugs anschließend ab und fädeln Sie den Stopper auf.

12. Verschließen Sie die Wendeöffnung von Hand oder sehr knappkantig mit der Maschine ab.

13. Auf der Rückseite der Ösen steppen Sie noch eine kurze parallele Naht zur Umbruchkante, damit der Gummizug nicht verrutschen kann.

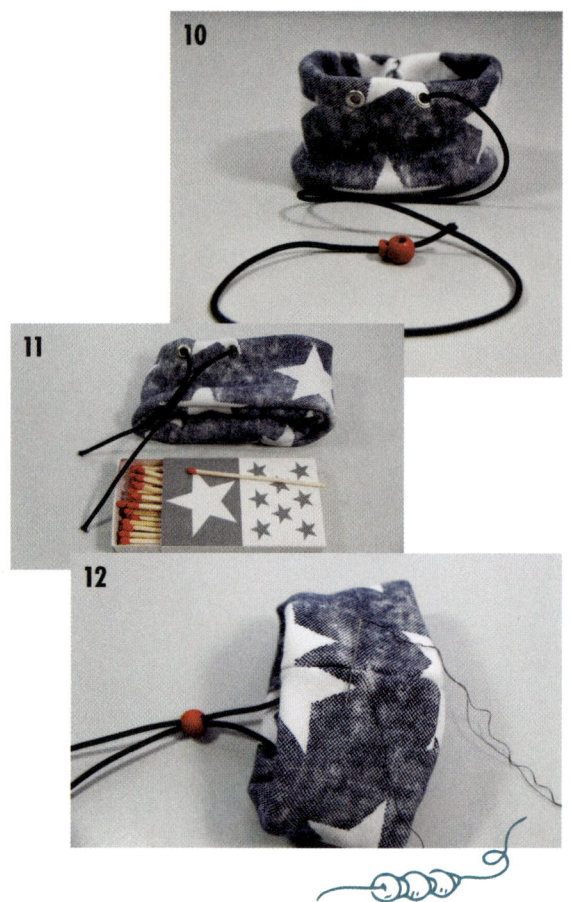

TIPP

Ihr Hund sollte den Schal natürlich gerne und freiwillig tragen. Zuerst kann es sein, dass er diesen skeptisch annimmt. Desensibilisieren Sie ihn und machen ihm den Schal schmackhaft. Bedenken Sie aber, dass es für den einen oder anderen Hund fraglich sein könnte, wenn man versucht, einen Gegenstand über seinen Kopf zu ziehen. Geben Sie Ihrem Hund Zeit, trainieren Sie in Ruhe und mit guter Laune. Wenn Sie jedoch feststellen, dass Ihr Hund den Loop partout nicht tragen mag, belassen Sie es dabei. Der Schal sollte nur unter Aufsicht getragen werden.

NOTIZEN

. . . .

. . . .

. . . .

· HALSTUCH ·

FRECH & FREUNDLICH – DAS MODISCHE ACCESSOIRE

Was Sie brauchen:

2 x Baumwollstoffe 50 cm x 30 cm ,
1 x Klettverschluss (jeweils 1 x Hakenband
+ 1x Flauschband) 1 cm x 2 cm oder runder
Klettverschluss, 1 x Schnittmuster, ggf.
Paspelband 30 cm, Stoffschere, Nähmaschine,
farblich passendes, Nähgarn, Maßband, Stift
oder Trickmarker, Bügeleisen und Bügelbrett

45 min   ◆◆◇

*PROBIEREN SIE DIVERSE MUSTER AUS ODER
ARBEITEN SIE MIT WEITEREN APPLIKATIONEN*

Ein modischer Chic und optisch ein toller Hingucker: ein Halstuch für unseren vierbeinigen Liebling. Doch nicht einfach nur schön ist es – auch im Training kann ein Halstuch einen tollen Nutzen haben. Viele Hunde haben in der heutigen Zeit Aufgaben. Vielleicht begleitet Ihr Hund Sie zur Arbeit? Für unseren Hund ist es nicht immer verständlich, wann er Freizeit oder »Arbeit« hat. Mit Hilfe eines Halstuchs können Sie ihm dies ganz einfach vermitteln.

Bei der Arbeit wird zum Beispiel das Halstuch getragen und anschließend abgenommen. Ihr Hund wird dieses Ritual lernen und sich daran orientieren können. Bedenken Sie, welche Wirkung Arbeitskleidung auf uns Menschen hat. Ihr Hund wird Ihnen dankbar sein, wenn er eine Orientierung erhält! Oder vielleicht haben Sie das Problem, dass Ihr Hund und Sie in der Öffentlichkeit unter dem »großer dunkler Hund-Problem« leiden? Dabei ist Ihr Hund der freundlichste auf der Welt? Ein Halstuch in tollen, bunten Farben schafft Abhilfe. Es wirkt freundlicher und so drücken wir Ihnen die

Daumen, dass Ihr Hund auch auf entspanntere Menschen trifft. Für dieses Halsband haben wir Klettverschluss gewählt. Möchten Sie lieber das Halstuch knoten, verlängern Sie einfach die Enden, um ausreichend Stoff hierfür zur Verfügung zu haben. Und wenn Sie es aufwendiger mögen, teilen Sie den Schnitt noch einmal ab und kombinieren Sie mehrere Stoffe miteinander. Auch können Sie Bänder oder ähnliches aufsteppen. Seien Sie gerne kreativ.

So wird´s gemacht:

01. Messen Sie den Umfang des Hundehalses

02. Zeichnen Sie den Schnitt entsprechend des Halsumfanges des Hundes auf. Berechnen Sie eine Nahtzugabe von mindestens 3-4 cm ein, damit das Halsband nicht zu eng wird. Messen Sie an Ihrem Hund am besten die Länge des Dreiecks und auch die Rundung ab.

03. Schneiden Sie die Stoffe zu. Dazu können Sie den Schnitt im Stoffbruch anlegen und 2 x zuschneiden. Bügeln Sie danach die Stoffe glatt.

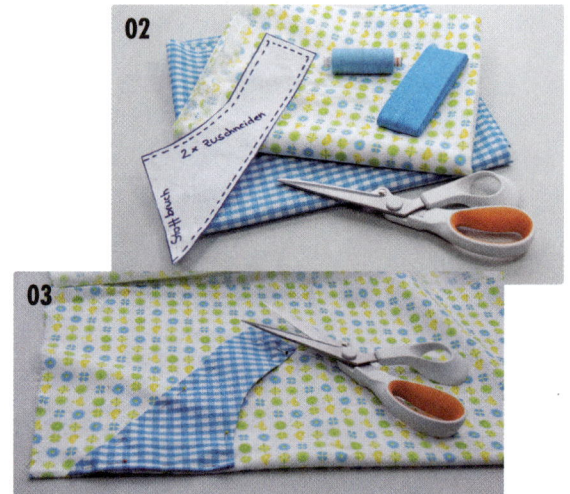

04. Wenn gewünscht, können Sie jetzt ein Paspelband an einer Seite annähen. Dafür messen Sie die gewünschte Länge des Paspelbandes direkt am Stoffstück ab und schneiden es von der Paspelrolle ab.

05. Legen Sie die Stoffe rechts auf rechts aufeinander und das Paspelband an einer Seite dazwischen.

06. Steppen Sie nun den Rand ab, lassen jedoch eine Wendeöffnung.

07. Schneiden Sie die Ecken und die überschüssige Nahtzugabe ab, so sieht das Tuch später ordentlicher und gleichmäßiger aus.

08. Wenden Sie nun das Halstuch und glätten Sie es erneut, falls nötig.

09. Legen Sie die Nahtzugabe der Wendeöffnung nach innen.

10. Steppen Sie den Ausschnitt ganz fein ab, so schließen Sie direkt die Wendeöffnung. Wenn Sie keine Steppnaht möchten, verschließen Sie die Wendeöffnung von Hand. Hierfür empfehlen wir Ihnen den Leiterstich.

11. Nähen Sie zum Schluss den Klettverschluss auf die Enden des Halstuchs.

TIPP

So geht der Leiterstich – Fädeln Sie einen Faden in eine Nadel und machen einen Knoten in das andere Ende. Stechen Sie mit der Nadel nahe am Rand der Maschinennaht von innen nach außen durch. Ziehen Sie den Faden fest an und erneut noch einmal, so dass Ihr Fadenende gut gesichert ist. Stechen Sie auf der gegenüberliegenden Seite auf der gleichen Höhe die Nadel ein und daneben wieder raus.

Ziehen Sie den Faden heraus, aber lassen ihn noch locker. Dasselbe machen Sie auch auf der anderen Seite. Nach dem Verfahren sollten Sie 1,5 – 2 cm weiter nähen. Danach ziehen Sie den Faden zusammen und die Naht verschwindet. Wiederholen Sie den Teil, bis Ihre ganze Naht geschlossen ist. Vernähen Sie das Ende und schneiden Sie anschließend den Faden so ab, dass auch er in Ihrem Nähstück verschwindet.

NOTIZEN

· DUMMY ·

DAS TRAININGSPROJEKT FÜR SPORTLICHE HUNDE

Was Sie brauchen:

Klein

1 x festen Stoff (Canvas, Oxford oder Ähnliches) 9 x 12 cm, 1 x Öse (1 cm Durchmesser) und Ösenklemme, 1 x Kordel oder Schnur 30 cm, 100 g Dinkelkerne

Mittel

1 x festen Stoff (Canvas, Oxford oder Ähnliches) 14 x 22 cm, 1 x Öse (1,5 cm Durchmesser) und Ösenklemme, 1 x Kordel oder Schnur 40 cm, 250 g Dinkelkerne

Groß

1 x festen Stoff (Canvas, Oxford oder Ähnliches) 16 x 28 cm, 1 x Öse (1,5 cm Durchmesser) und Ösenklemme, 1 x Kordel oder Schnur 40 cm, 300 g Dinkelkerne

Nähmaschine, festes und farblich passendes Nähgarn, Stoffschere, Stecknadeln, Hammer, Maßband, Kochlöffel

45 min   ◆◇◇

Ihr Hund liebt das Apportieren oder Sie möchten damit beginnen? Dann doch gerne mit dem eigenen Equipment, so können Sie es auch leicht von Dummys anderer Hunde unterscheiden. Wieder ein klarer Fall für Ihre Nähmaschine. Damit Sie lange Freude an Ihrem Dummy haben, wählen Sie einen festen Stoff wie beispielsweise Canvas oder Oxford, der der das Tragen und ggf. auch – sollten Sie den Dummy zum Spiel nutzen wollen – ein Zergelspiel aushält. Entsprechend können Sie die Nähte verstärken.

Variationen sind möglich! Nähen Sie in den einen oder anderen Dummy gerne auch einen Reißverschluss ein und verstauen Sie Leckerchen darin – so können Sie ihn auch als Futterdummy nutzen. Sie lasten Ihren Hund nicht nur aus, sondern trainieren auch gleichzeitig mit ihm. Ihr Hund kann sich seine Belohnung erarbeiten und Ihre Bindung wird gestärkt. Ist Ihr Hund pfiffig und kann Reißverschlüsse öffnen, wählen Sie festen Klettverschluss. So wird der Dummy nur durch Sie geöffnet. Schnell lernt Ihr Hund den Zusammenhang zwischen Ihnen und dem Futterbeutel. Je nach Einsatz und Hunderasse können Sie ganz verschiede Größen nähen. Auch die Füllung können Sie im Gewicht variieren. Dinkelkerne, Sand, Reis, gröberer

Sand – alles ist möglich. Somit sind Sie für alle Apportierübungen gut vorbereitet, denn beim Dummytraining wird oft mit unterschiedlichen Gewichten trainiert. Ihr Hund ist ein kleines Speichelwunder und Sie haben Sorge, dass gerade, wenn er seine Nase in den Dummy steckt, mehr Speichel in den Dummy einzieht und er den Dummy kaputt macht? Nähen Sie einfach ein Inlett aus Wachstuch für den Innenraum. Sie können dieselben Maße nehmen wie beim Außenteil. Legen Sie den Stoff rechts auf rechts aufeinander und nähen die beiden schmalen Seiten zu und jeweils ein paar Zentimeter der Längsseite, so dass eine große Öffnung bestehen bleibt. Wenden Sie das Inlett und stecken Sie es in den Futterdummy. Somit ist er leicht auswaschbar und im Notfall auch komplett auswechselbar.

Wenn Sie einen schönen eckigen Dummy haben möchten, dann nähen Sie mit der Maschine bis zum Eckpunkt und drehen Sie das Handrad, bis die Nadel tief im Stoff steckt. Danach stellen Sie das Füßchen hoch und drehen den Stoff um 90 Grad. Dann senken Sie das Nähfüßchen und es kann direkt weitergenäht werden.

So wird´s gemacht:

01. Schneiden Sie 1 Rechteck zu, entsprechend der gewünschten Dummygröße.

02. Legen Sie die Stoffe jeweils längs rechts auf rechts aufeinander. Fixieren Sie den Stoff mit Stecknadeln.

03. Nähen Sie die Längsseite und eine schmale Seite zusammen.

04. Ziehen Sie die Ecken auseinander und drücken Sie die seitlichen Ecken wie Zipfel flach und steppen Sie diese mit 1 cm Abstand ab.

05. Schneiden Sie die Nahtzugabe knappkantig ab.

06. Wenden Sie den Dummy, wenn nötig mit den Fingern oder einem Holzlöffel, damit lassen sich gut die Ecken herausdrücken, so dass er gleichmäßig aussieht.

07. Füllen Sie den Dummy bis 3-5 cm unterhalb der Stoffgrenze mit dem Füllmaterial.

08. Schlagen Sie die obere Naht 1 cm nach innen ein.

08

09. Schlagen Sie danach die Ecken in die Seitenteile und steppen den Rand ab.

09

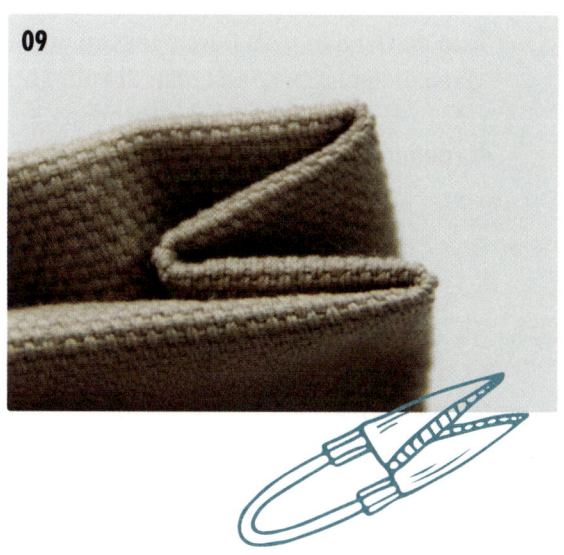

10. Nähen Sie zusätzlich eine Quernaht, 2 cm zwischen Füllung und Öffnung, damit die Füllung nicht hochrutscht.

10

11. Schlagen Sie nun mithilfe von Ösenklemme und Hammer die Öse ein.

11

12. Ziehen Sie das Band durch die Öse. Schneiden Sie es ab und flämmen die Enden ab, nachdem Sie diese miteinander verknotet haben.

Notizen

· ·

· ·

· ·

· FUTTERBEUTEL ·

EIN ECHTER HINGUCKER

Was Sie brauchen:

KLEIN

1 x Oberstoff (Baumwollstoff oder Ähnliches) 36 cm x 80 cm, 1 x Innenstoff (beschichteter Baumwollstoff oder Wachtuch) 36 cm x 80 cm, 1 x große Öse (1 cm Durchmesser) oder 2 x kleine Ösen (0,5 cm Durchmesser) mit Ösenklemme, 1 x Kordel oder Schnur 40 cm, 1 x Kordelstopper, entsprechend der Kordeldicke, 1 x Karabinerhaken 3 cm mit Befestigungsband 6 cm

DIESE BEUTEL LASSEN SICH AUCH GUT AM GÜRTEL TRAGEN

GROß

1 x Oberstoff (Baumwollstoff oder Ähnliches) 40 cm x 90 cm, 1 x Innenstoff (beschichteter Baumwollstoff oder Wachtuch) 40 cm x 90 cm, 1 x große Öse (1 cm Durchmesser) oder 2 x kleine Ösen (0,5 cm Durchmesser) mit Ösenklemme, 1 x Kordel oder Schnur 50 cm ,1 x Kordelstopper, entsprechend der Kordeldicke, 1 x Karabinerhaken 3cm mit Befestigungsband 8 cm

Nähmaschine, farblich passendes Nähgarn, Stoffschere, Maßband, Hammer, Stift oder Trickmarker, Sicherheitsnadel (bei Nutzung eines Knopfes, statt von Ösen)

60 min ◆◆◇

Dem einen sind die fertigen Futterbeutel zu groß, dem anderen zu klein, manchmal fehlt eine Tasche, manchmal eine Unterbringungsmöglichkeit. Mit unserer Basisanleitung, können Sie einen schönen Futterbeutel in zwei unterschiedlichen Größen nähen und später auch nach Herzenslust weiterentwickeln. In jedem Fall sollten Sie für den Innenstoff beschichtete, abwaschbare Ware wie beispielsweise beschichtete Baumwolle oder Wachstücher verwenden. Sie können mit einer großen Öse, zwei kleinen Ösen oder einem Knopfloch arbeiten – je nachdem, was Ihnen am besten gefällt. (Bei einer großen Öse oder bei einem Knopfloch können Sie die Wendeöffnung sofort

schließen und mit einer kleinen Sicherheitsnadel oder einer anderen Technik die Kordel durchziehen. Hier steppen Sie ebenfalls die obere Kante knappkantig ab und unterhalb der Öse(n)/ des Knopflochs noch mal steppen. Der 8. Arbeitsschritt entfällt). Futterbeutel sind für unsere Vierbeiner besonders attraktiv, schließlich warten darin Belohnungshappen. Legen Sie den Beutel daher immer gut weg, so dass Ihr Hund ihn nicht mit einem Selbstbedienungsladen verwechselt. Möchten Sie Ihren Hund aus dem Beutel fressen lassen, sollten Sie darauf achten, dass er nicht zu prall gefüllt ist, sondern nur ein paar gute Stücke zum »Leerfressen« vorhanden sind.

So wird´s gemacht:

01. Schneiden Sie aus dem Innen- und Oberstoff jeweils 2 gleich große Rechtecke zu.

02. Platzieren Sie mittig in den Oberstoff, ca. 4 cm unterhalb der Kante, je nach Wunsch entweder die zwei Ösen, eine große Öse oder ein Knopfloch (später unterscheiden sich die Arbeitsschritte leicht – große Öse und Knopfloch ist einfacher – weniger zu »fummeln«). Um die Ösen auf gleicher Höhe auf dem Stoff anzubringen, markieren Sie die Stellen der Öse(n) mit einem Stift oder Trickmarker auf dem Stoff. Anschließend kann mithilfe der Klemme und dem Hammer die Öse im Stoff befestigt werden.

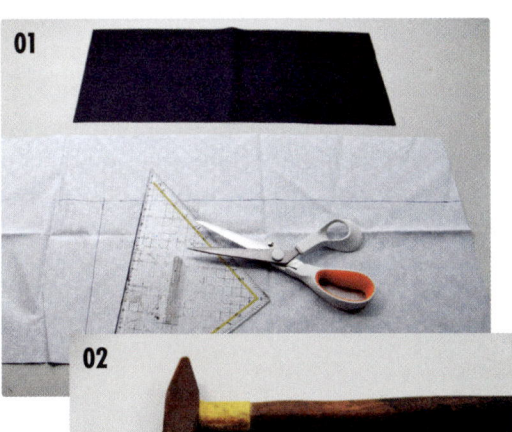

03. Legen Sie Ihre Stoffe rechts auf rechts aufeinander und steppen Sie die Seite mit den Ösen ab.

04. Steppen Sie die gegenüberliegende kurze Seite ebenfalls ab. Legen Sie dabei den Karabinerhaken mit Bändchen mittig dazwischen, sodass der Karabinerhaken nach innen liegt.

05. Legen Sie die Steppnähte in der Mitte aufeinander und steppen Sie die Längsseiten zu. Lassen Sie auf einer Seite im Innenstoff (beschichtete Ware/Wachstuch) eine ca. 6 – 8 cm große Wendeöffnung offen.

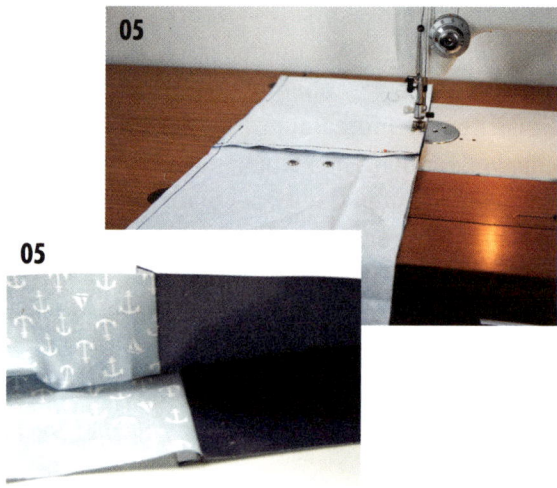

06. Ziehen Sie den Beutel auseinander und falten Sie die Ecken wie auf den Fotos zusammen. Die Nähte sollen in der Mitte sein. Steppen Sie bei ca. 4 cm (kleiner Beutel) / 5 cm (großer Beutel) ab und schneiden Sie die Ecken anschließend ab.

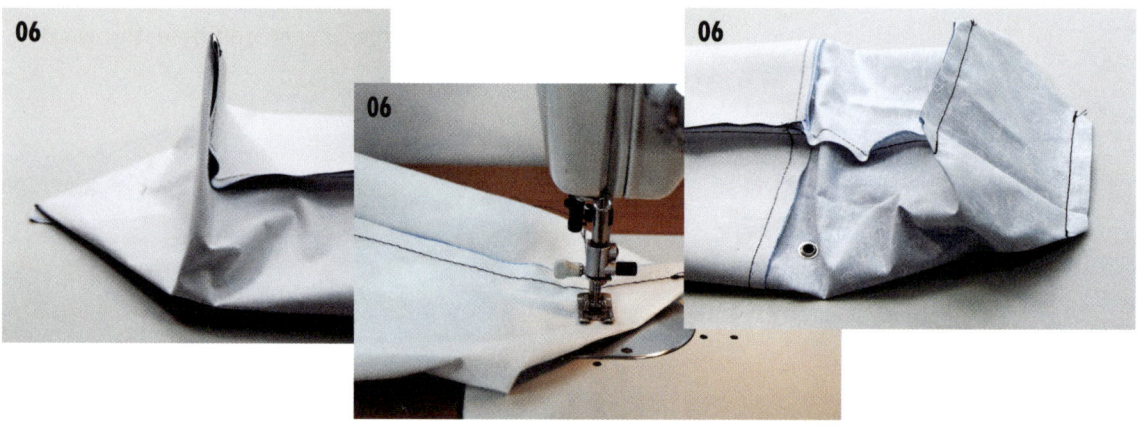

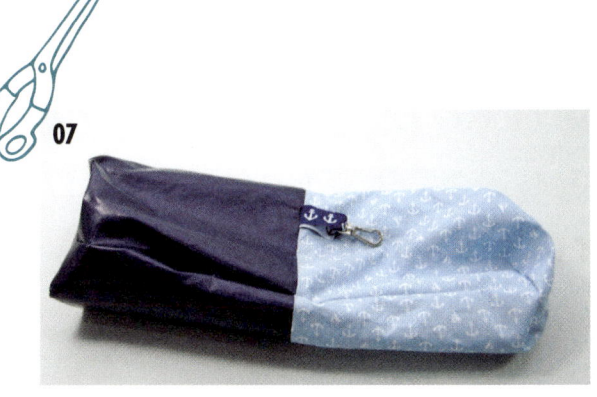

07. Wenden Sie den Beutel auf die rechte Seite.

08. Bei den zwei Ösen wird jetzt die Kordel durchgezogen. Nutzen Sie hierfür die Wendeöffnung und fixieren Sie anschließend die Kordel mit Stecknadeln. Nähen Sie die Wendeöffnung zu und steppen Sie die obere Kante knappkantig ab. Steppen Sie danach ca. 1-2 cm unterhalb der Ösen noch einmal rundherum ab.

09. Fädeln Sie den Kordelstopper auf, knoten Sie die Enden zusammen und flämmen Sie diese ab.

~~~~~~~~~~~~~~~~

TIPP

~~~~~~~~~~~~~~~~

Unser Tipp für Ihr Training
Der Futterbeutel hat auf unsere Hunde eine magische Wirkung und er wird warten, dass Sie (endlich) mit Ihrer Hand hineingreifen, um ihm etwas zu geben. Nutzen Sie dies im Training. Ihre Hand sollte erst NACH der gewünschten Handlung, wie etwa ein Sitz, in den Beutel greifen und nicht schon davor. Ihr Hund weiß nur zu gut, dass er den Keks eh bekommt. Warten Sie mit der Belohnung daher, bis Ihr Ziel umgesetzt wurde.

Notizen

· ·
· ·
· ·

· Apportier-Futterdummy ·

FÜR BRINGFREUDIGE & STETS HUNGRIGE HUNDE

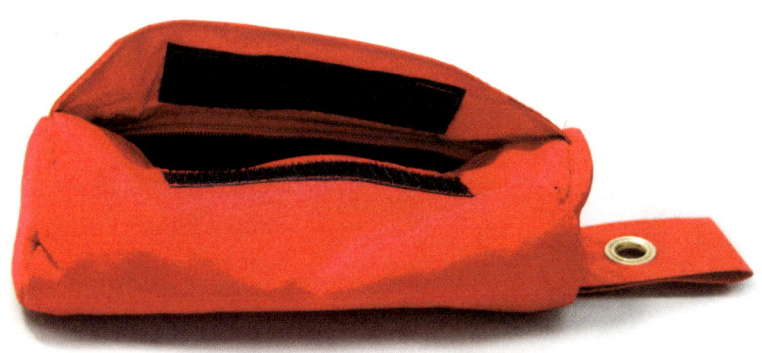

Was Sie brauchen:

1 x robuster Oberstoff (Nylon oder ähnlicher robuster, abwaschbarer Stoff) 20 cm x 50 cm, 1 x Innenstoff (beschichteter Baumwollstoff oder Wachstuch), 20 cm x 40 cm, 1 x dünner Schaumstoffvlies 20 x 35, 1 x Reißverschluss 20 cm, 1 x Öse, 1 Klettverschluss (jeweils 1 x Hakenband + 1 x Flauschband) 10 cm, 1 x Kordel 25 cm, Nähmaschine, Reißverschlussfuß, farblich passendes, Nähgarn, Stoffschere, Maßband, Stift oder Trickmarker, Lineal, Stecknadeln, Bügeleisen

120 min ◆ ◆ ◇

Sie möchten mit Ihrem Hund apportieren und das Apportel gleichzeitig zur Belohnung einsetzen? Auch das ist problemlos möglich. Einfach ran an die Nähmaschine! Es gibt viele verschiedene Übungen, die Sie mit Ihrem Hund mit dem Apportier-Futterdummy trainieren können – beispielsweise die Richtungen links, rechts, voraus, hinten, Winkeltraining... alles ist möglich. So kommt garantiert keine Langeweile auf. Wählen Sie ruhig knallige Farben – oder sogar Neonfarben. Diese sind auch bei schlechter Witterung erkennbar – gerade, wenn der Dummy weiter weggeworfen wird und im Dickicht schnell übersehen werden könnte. Nutzen Sie gerne sogenannte Endlosreißverschlüsse für dieses Nähprojekt. Sie können davon Meterware kaufen und den Schieber an die bevorzugte Stelle einfügen. Da es zu

Beginn etwas Übung bedarf, nutzen Sie die Anleitung des jeweiligen Reißverschlusses, den Sie gekauft haben. Vernähen Sie die Enden des Reißverschlusses jedoch gut (gerne durch mehrmaliges Hin und Her mit der Nähmaschine), so halten die Nähte lang, wenn Ihr Hund die Schnauze in den Beutel steckt. Viel Spaß damit. Voran!

So wird´s gemacht:

01. Schneiden Sie die Stoffteile zu:

Aus dem Oberstoff:

1 x Rechteck 20 cm x 31 cm
2 x Kreise mit einem Durchmesser von 9 cm
1 x Quadrat 10 cm x 10 cm für den Riegel

Aus dem Innenstoff:

1 x Rechteck 20 cm x 31 cm
2 x Kreise mit einem Durchmesser von 9 cm

Aus dem dünnen Schaumstoffvlies

1 x Rechteck 20 cm x 23 cm
2 x Kreise mit einem Durchmesser von 9 cm

02. Bringen Sie den Klettverschluss an: Nähen Sie das Flauschband mittig und 2 cm unterhalb der Außenkante auf den Außenstoff (rechte Stoffseite). Das Hakenband nähen Sie auf die gegenüberliegende Seite auf den Außenstoff (ebenfalls rechte Stoffseite), 2,5 cm unterhalb der Außenkante.

03. Fixieren Sie nun den Futterstoff und das Vlies durch kleine Zick-Zack-Stiche miteinander. Somit verrutschen die Stoffe nicht mehr und es lässt sich einfach weiterarbeiten.

04. Setzen Sie den Reißverschlussfuß in Ihre Nähmaschine. Legen Sie den Reißverschluss mit der Oberseite nach unten auf eine der langen Seiten auf den Außenstoff. Nun platzieren Sie den Innenstoff darauf, die rechte (schöne Seite) zeigt dabei nach Innen. Fixieren Sie das Ganze mit einigen Stecknadeln und nähen Sie nun die drei Schichten zusammen.

05. Steppen Sie die beiden Ecken auf der gegenüberliegenden Seite ab. Klappen Sie hierfür die gegenüberliegende lange Seite 5 cm im Umschlag um, dabei liegt der Stoff rechts auf rechts aufeinander. Messen Sie die Nahtlinie aus: 3 cm im 45°-Winkel (1,5 cm vom Umbruch) und zeichnen Sie diese auf die linke Stoffseite auf. Nun steppen Sie entlang der eingezeichneten Linie ab. Schneiden Sie das überstehende Dreieck an den Ecken schräg ab. Wenden Sie das Ganze.

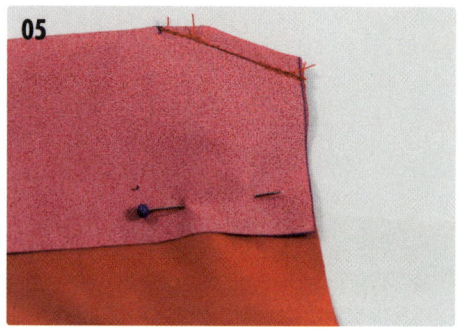

06. Damit der Dummy einen besseren Stand bekommt, können Sie den Außenstoff absteppen. Schlagen Sie den Stoff hierzu um und nähen Sie knappkantig an der Außenkante des Umschlags entlang.

07. Nähen Sie den Reißverschluss nun auch an der anderen Seite fest. Legen Sie den Reißverschluss zwischen Außen- und Futterstoff. Fixieren Sie die Schichten mit einige Stecknadeln und nähen diese zusammen. Steppen Sie entlang des Reißverschlusses knappkantig ab. Wechseln Sie zum normalen Nähmaschinenfuß.

08. Legen Sie die beiden Stoffteile für den Riegel rechts auf rechts aufeinander und nähen Sie die Längsseiten zusammen. Dann wenden Sie das Ganze und bügeln es glatt. Steppen Sie die beiden langen Seiten jeweils mit einem Geradstich ab. Formen Sie eine Schlaufe und bringen Sie die Öse im oberen Drittel an.

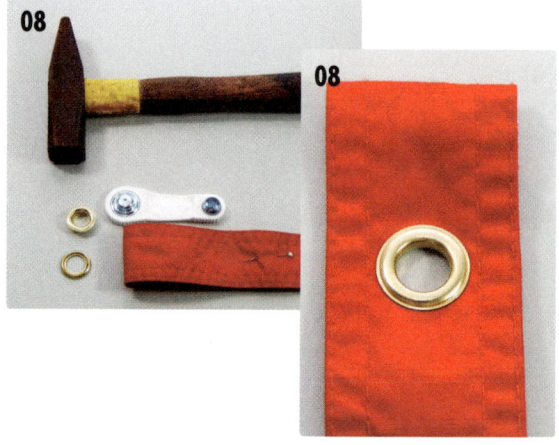

09. Legen Sie die Kreise aufeinander, so dass die rechten Seiten außen sind und in der Mitte das Vlies liegt. Fixieren Sie die Schichten rundherum mit einem Zickzackstich.

10. Stecken Sie die Kreise an die beiden jeweils offenen Seiten des Futterdummys mit Stecknadeln fest. An einer Seite platzieren Sie den Riegel. Hierbei liegt die Schlaufe innen und die beiden Enden zwischen Futter- und Außenstoff. Nähen Sie alle Stoffschichten zusammen. Versäubern Sie die Nahtzugabe der Kreise.

11. Jetzt können Sie den Apportier-Futterdummy wenden. Ziehen Sie eine Kordel durch die Öse und voilá −fertig ist er.

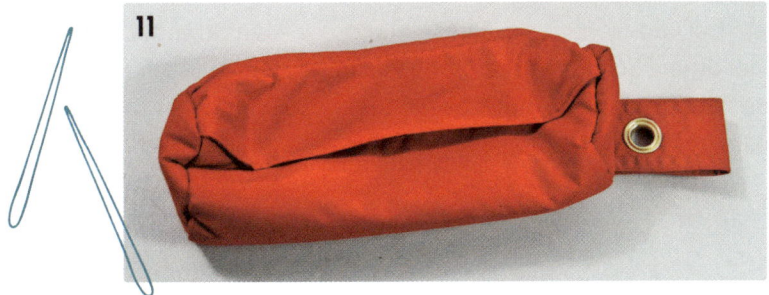

· ·

· ·

· ·

· HUNDEDECKE ·

DIE MOBILE ENTSPANNUNGSINSEL

EMIL'S NEUER LIEBLINGSPLATZ

Was Sie brauchen:

1 Oberstoff (Baumwollstoff) 60 cm x 90 cm,
1 Unterstoff (Nylon/Stepp, Canvas oder ähnlich
festerer Stoff) 60 cm x 90 cm, Vlieseinlage
P 140 oder dünne Schaumstoffeinlage 60 cm
x 90 cm, Nähmaschine, farblich passendes
Nähgarn, Stoffschere, Bügeleisen und
Bügelbrett, Maßband

45 min ◆◇◇

Von Decken kann man nie genug haben – egal, ob im Auto, im Wohnzimmer, im Straßenkaffee oder in der Hundeschule... Damit Sie Ihre Hundedecke nun nicht mehr von einem Ort zum nächsten tragen müssen, nähen Sie doch direkt einige auf Vorrat und in den schönsten Farben... vielleicht ein mediterranes Blau für den Strandurlaub, eine dunkle Decke, wenn Ihr Hund gerade aus dem nächsten Matschtümpel herausspringt und bunte Farben bei guter Laune im Sommer.... Um mehr Stabilität in die Decke zu bekommen, verwenden Sie zusätzlich zu Ihrem Unter- und Oberstoff maschinenwaschbares Volumenvlies zum Einnähen (Vlieseinlage Nummer P 140). Nutzen Sie Decovil oder Decovil light, sie sind stabil und formbar zugleich. Dies eignet sich für Hundedecken prima. Sie können auch eine alte Decke verwenden oder dünnen Schaumstoff. Setzen Sie Akzente! Nähen Sie gerne auch ein Paspelband ein. Diese würde man in Arbeitsschritt 3 zusätzlich einarbeiten. Paspelbänder können Sie kaufen oder mithilfe von Schrägband selbst herstellen. Befestigen Sie noch einen Klettverschluss an der Decke, so können Sie diese einrollen und klein in einer Tasche oder im Auto verstauen. Setzen Sie das Klettband auf die gewünschte Stelle und kleben es mit Heißkleber fest.

So wird´s gemacht:

01. Schneiden Sie alle drei Stoffteile jeweils 1 x zu.

02. Falls vorhanden, bügeln Sie nun den Vliesstoff auf den dünnen Stoff auf die linke Seite. Auf der Vlieseinlage finden Sie oft Angaben, wie heiß und wie lange der Stoff aufgebügelt werden muss. Nach dem Bügeln lassen Sie den Stoff ein paar Minuten auskühlen.

03. Legen Sie anschließend den Ober- und Unterstoff rechts auf rechts aufeinander. Arbeiten Sie anstelle der Vlieseinlage mit einer Schaumstoffeinlage, legen Sie diese oben auf.

04. Steppen Sie die Decke nun rund herum ab und lassen Sie eine 8 – 10 cm große Wende-öffnung offen.

05. Versäubern Sie die Naht. Schneiden Sie überschüssige Fäden ab.

06. Damit Ihre Decke schöne spitze Ecken zeigt, können Sie jetzt an den Ecken die Naht-zugaben wegschneiden bzw. diagonal über die Ecke schneiden.

07. Wenden Sie nun die Decke.

08. Die Wendeöffnung wird nun vernäht. Entweder per Hand oder mit dem Leiterstich, um unsichtbar zu werden.

TIPP

Entspannung auf der Decke
Bringen Sie Ihrem Hund bei, sich auf das Signal wie etwa »Auf die Decke« auf die Decke zu legen und dort solange liegen zu bleiben, bis Sie es wieder auflösen – nicht vorher. Sie haben nichts von dem Signal, wenn Ihr Hund selbst entscheidet, wann er wieder aufsteht, denn das kann vielleicht schneller sein als Ihnen lieb ist. Weiß Ihr Hund, dass er warten muss, bis Sie zum Beispiel »ok« sagen, wird er sich auch in der Zwischenzeit entspannen können. So schlagen Sie zwei Fliegen mit einer Klappe.

NOTIZEN

. . . .

. . . .

. . . .

NOTIZEN

NOTIZEN

» Aus der Werkstatt «

Mal wieder Lust auf werkeln? Mit ein wenig Geschick zum individuellen Hundebett!

LOS GEHT'S!

· HUNDEBETT ·

EIN RÜCKZUGSORT

Was Sie brauchen:

3 x Brett 15 x 60 cm für Bodenplatte, 2 x Brett 15 x 60 cm für Vorder- und Rückseite, 2 x Brett 15 x 41 cm , 2 x Dachlatten 45 cm, 1 x Holzfarbe – oder nach Belieben mehrere Farben, Pinsel, mehrere Holzschrauben, Schleifpapier, Tischkreissäge, Stichsäge, ggf. 2 Holzböcke zum Streichen

90 min   ◆◆◇

Holz ist ein sehr schönes Material, mit dem gerne gezimmert und getischlert wird. Sie träumen schon lange von einem rustikalen Hundekörbchen? Dann setzen Sie es in die Tat um und betten Ihren Liebling ab jetzt »handmade by Frauchen & Herrchen«.

Überlegen Sie vorher genau, wo das Hundebett stehen soll. Sie können es maßgeschneidern und farblich Ihren Räumen anpassen. Nutzen Sie eine Farbe, die abwaschbar, aber zugleich gesund für Sie und Ihren Hund ist. Sie sollten das Hundebett regelmäßig reinigen und auch abwaschen können. Sollten Sie mehrere Hundebetten in Ihrer Wohnung/Ihrem Haus stehen haben, kann Ihr Hund natürlich lernen, auf Ihr Signal hin in das Hundebett zu gehen. Unterscheiden Sie die jedoch die unterschiedlichen Betten namentlich, so können Sie Ihrem Hund genau sagen, in welchen Raum er gehen soll, um sich dort in sein Hundebett zu legen. Für Sie ein klarer Vorteil, denn Sie müssen die Laufrichtung des Hundes nicht durch Vorgehen anzeigen, sondern können aus Ihrer Position heraus das gewünschte Körbchen benennen und Ihr Hund findet den Weg allein.

Je nach Holz sollten Sie die Löcher vorbohren, damit Ihnen das Holz nicht reißt oder splittert. Damit Sie später die Schraubköpfe nicht sehen, können diese in der passenden Farbe mit Kunststoffdeckeln abgedeckt werden.
Achtung: bei der Ermittlung der Seitenteillänge unbedingt die Holzbrettdicke berücksichtigen. Diese muss 2 x von der Gesamtseitenlänge abgezogen werden, damit die Seitenteile zwischen die Vorder- und Rückteile passen.

So wird´s gemacht:

01. Legen Sie die Maße für das Hundebett fest und sägen Sie die Holzteile zu.

02. Sägen Sie eine Einstiegsaussparung im vorderen Brett mit der Stichsäge aus.

03. Schleifen Sie die Bretter ab.

04. Streichen Sie die Bretter in Ihrer ausgewählten Farbe(n).

TIPP

Springt Ihr Hund mit Anlauf in das Hunde-bett, können Sie unter den Dachlatten noch kleine gummierte Platten kleben, die ein Wegrut-schen verhindern.

05. Die Bodenbretter werden nun auf zwei Dachlatten geschraubt. Die Länge sollte ent-sprechend der Bodenplatte angepasst werden.

06. Auf die fertige Bodenplatte werden jetzt die Rückwand, die Seitenteile und das Vorder-teil von unten verschraubt.

07. Die Rückwand und Vorderwand verschrau-ben Sie jeweils noch 1-2 Mal mit den Seiten-teilen

08. Statten Sie das Körbchen mit Kissen, Decken oder Ähnlichem aus. Im Beispiel wurde eine Schaumstoffmatte mit Stoff bezogen und im maritimen Stil mit Kissen ergänzt.

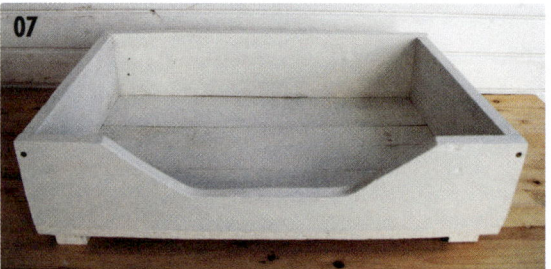

Notizen

· ·
· ·
· ·

· MINI-GARDEROBE ·

EIN ORDNUNGSHÜTER KOMMT SELTEN ALLEINE

Was Sie brauchen:

1 x Holzplatte (OSB- Platte, Sperrholz oder Ähnliches), 1 x kleiner Bilderrahmen zum Aufhängen, ohne Arm zum Stehen, 1 x Leckerchen, Glas mit Deckel zum Verschließen, 1 x Schlauchklemme, Durchmesser entsprechend der Größe des Leckerchen-Glas, 1 x Befestigungshaken, 1 x dicke Kordel / Seil, 1 x Holzfarbe, Leckerchen für das Glas, Zollstock, Bleistift, Pinsel, Heißklebepistole, Bohrmaschine mit großem Holzbohrer, evtl. eine Unterlegscheibe als Abstandshalter, je nach Beschaffenheit des Glases siehe Anleitung Punkt 6

90 min   ◆ ◆ ◇

Schaffen Sie bei allen Projekten auch immer direkt ein Ordnungssystem für sich Zuhause – und das natürlich im kynologischen Style. Diese Mini-Garderobe ist ein echter Hingucker, der beispielsweise Ihren Flur schmückt. Oder überlegen Sie, in welchen Raum Sie die Mini-Garderobe hinhängen möchten und passen Sie die Holzfarben Ihrem Wohnumfeld an, so dass sich die Garderobe natürlich einfügt. Wenn Sie nicht streichen möchten und Ihnen der Aufwand zu viel ist, können Sie auch ein großes Stück Stoff nehmen und über die Holzwand ziehen. Mit einem Tacker befestigen Sie den Stoff auf der Rückseite und so

haben Sie eine schnelle Alternative. Sie haben mehrere Hunde oder Leinen? Auch hier steht Ihnen nichts im Wege. Verlängern Sie das Brett einfach: Nutzen Sie so viele Bilderrahmen wie Sie Hunde haben, mehr Haken freuen sich über mehr Leinen usw. Hängen Sie die Garderobe auf Höhe Ihres Hundes auf, können Sie ihm beibringen, Leine und Halsband selbständig vom Haken zu heben und auch wieder aufzuhängen. Ein Clicker kann Ihr Training an dieser Stelle unterstützen.

So wird´s gemacht:

01. Ordnen Sie den Bilderrahmen, Haken und das Leckerchen-Glas auf dem Holz nach Belieben an.

02. Schauen Sie, ob Ihnen die Größenverhältnisse passen, sonst schneiden Sie evtl. das Holz noch passend(er) zu.

03. Streichen Sie das Holz nach Belieben (hier im Beispiel haben wir es erst weiß grundiert und anschließend mit einem zarten Blau übergestrichen und wieder etwas Farbe mit einem Tuch abgetupft, damit das Weiß noch durchscheint).

04. Lassen Sie die Farbe trocknen.

05. Schrauben Sie den Haken auf das Holz

06. Die Schlauchklemme kann ebenfalls aufgeschraubt werden. Bohren Sie dafür zuerst ein kleines Loch in die Klemme vor. Je nach Glas / Deckel-Konstruktion evtl. eine Unterlegscheibe oder Ähnliches als Abstandshalter zwischen Holz und Klemme legen, damit der Deckel geöffnet/geschlossen werden kann.

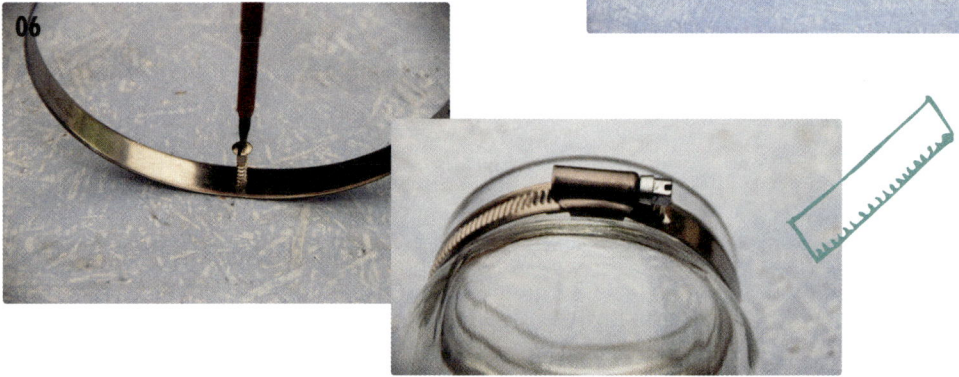

07. Bestücken Sie den Bilderrahmen mit einem Foto Ihres Hundes.

08. Kleben Sie den Bilderrahmen mit der Heißklebepistole auf (wer das Bild wechseln möchte, sollte den Bilderhaken mit einer kleinen Schraube oder Nagel (je nach Rahmen) befestigen.

09. Bohren Sie Löcher in beide oberen Ecken (Durchmesser entsprechend dem Seil/der Kordel auswählen). Beide sollten denselben Abstand zur Wand haben, damit es einheitlich aussieht.

10. Ziehen Sie die Kordel/das Seil durch und verknoten Sie die Enden von außen miteinander.

11. Die Garderobe kann jetzt an dem Seil aufgehängt werden.

12. Befüllen Sie das Glas mit Leckerchen.

~~~~~~~~~~~~~~~~~~~~~~~~~~~~~~
TIPP
~~~~~~~~~~~~~~~~~~~~~~~~~~~~~~

OSB-Platten sind im Baumarkt in verschiedenen Stärken und Qualitäten erhältlich. Für unsere Hunde-DIY-Projekte reichen die einfachen für den Innenausbau.

NOTIZEN

. . . .
. . . .
. . . .

· NAPFSTÄNDER ·

FRESSBAR MAL ANDERS

Was Sie brauchen:

1 x Holzkiste (alternativ Weinkiste oder Obstkiste) entsprechend der Größe Ihres Hundes, 2 x Näpfe mit Außenkante, 1 x Holzfarbe, 1 x Holzlack, evtl. etwas Deko für die Kiste, evtl. Steine, um die Kiste zu beschweren, Stichsäge, Schmirgelpapier, Heißklebepistole, Pinsel, Bleistift

So machen die Mahlzeiten richtig Spaß! Dieser Napfständer ist nicht nur komfortabel, sondern auch wunderschön, praktisch, stabil – und ganz leicht herzustellen. Wie bei fast all' unseren Projekten, sind auch bei diesem hier viele Variationen möglich. Seien Sie kreativ und gestalten Sie den Napfständer nach Ihrem Geschmack. Nicht nur die Größe und Farbe können Sie frei bestimmen, auch die »Füllung«. Sie können die Kiste beispielsweise von innen mit Steinen oder Ähnlichem beschweren, so bleibt sie an Ort und Stelle stabil stehen.

60 min ◆◆◇

Wenn gewünscht, verschließen Sie sie mithilfe einer Heißklebepistole. Und falls nötig, bringen Sie Gummikleber unter der Kiste an, so steht der Napf rutschfest auf dem Boden und Ihr Hund kann ihn während des Fressens nicht wegschieben. Verwenden Sie Näpfe mit einer Außenkante, so dass sie auf der Kiste aufliegen. Wir empfehlen Ihnen, die Näpfe nur lose in die Kiste zu stellen und nicht zu befestigen. So lassen sich die Näpfe ganz leicht

entnehmen, reinigen und wieder einsetzen. Futter stehen lassen oder nicht? Das ist eine beliebte Frage und es gibt pauschal kein »Ja« oder »Nein«. Es kommt auf den Hund und seine Bedürfnisse an. Um eine richtige Entscheidung zu treffen, beobachten Sie das Fressverhalten Ihres Hundes, als auch sein Ausscheidungsverhalten. Zudem kann Trockenfutter – allein aufgrund seiner Konsistenz – länger stehenbleiben als frisches Futter.

So wird´s gemacht:

01. Zeichnen Sie auf der Holzkiste die beiden Näpfe ein. Wichtig: Sägen Sie nicht an der Außenkante, sonst fallen die Näpfe durch. Messen Sie die Auflagefläche am Napf aus und zeichnen Sie das Maß nach innen an.

02. An der Innenlinie sägen Sie die Löcher mit der Stichsäge aus (Tipp: Bohren Sie erst ein Loch in das Holz, damit die Säge angesetzt werden kann).

03. Schmirgeln Sie die Sägekante glatt.

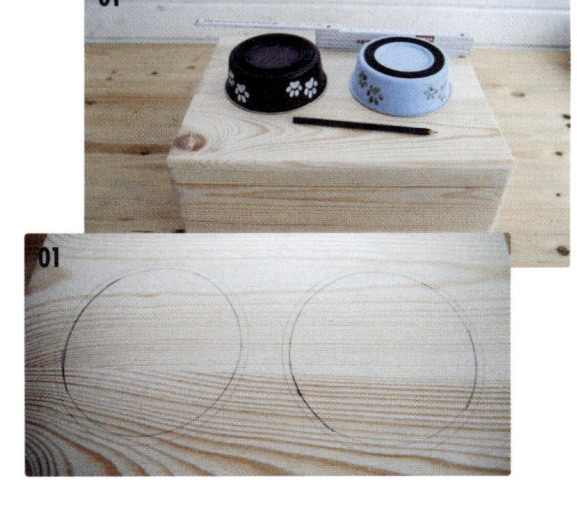

04. Gestalten Sie nun die Kiste nach Ihren eigenen Farbwünschen. Wir haben Kreidefarbe verwendet. Zwei Lagen: erst Weiß, dann Blau und später wurden die Kanten und Flächen abgeschmirgelt.

05. Lackieren Sie die Kiste, damit sie resistent gegen Wasserspritzer und Futterreste wird und gut zu reinigen ist.

06. Setzen Sie nach dem Trocknen die Näpfe ein.

TIPP

Um optimale Ergebnisse mit einer Heißklebepistole zu erzielen, sollten Sie die zu klebenden Flächen vorbehandeln, indem sie von Staub und Fett befreit werden. Sie können die Flächen auch aufrauen. Sobald Sie die Klebepatronen in die Pistole gesteckt haben, stecken Sie den Stecker in die Steckdose und lassen den Kleber einige Minuten durch Aufheizen flüssig werden. Wenn der Kleber flüssig aus der Düse kommt, können Sie nun beginnen, Ihr Werk zu kleben. Verbrennen Sie sich nicht die Finger. Der flüssige Kleber läuft solange aus der Düse, wie Sie mit dem Zeigefinger den Hebel drücken. Tragen Sie den Kleber nur einseitig auf und pressen die beiden Stücke sofort zusammen und halten Sie sie einige Minuten zusammen, bis der Kleber wieder erkaltet. So kann nichts schiefgehen.

NOTIZEN

. . . .

. . . .

. . . .

· SCHRÄGWAND ·

DAS AGILITY-GERÄT FÜR DEN GARTEN

Was Sie brauchen:

1 x OSB Platte oder Bausperrholz
1,2 cm x 70 cm x 200 cm, 1 x OSB Platte oder
Bausperrholz 1,2 cm x 70 cm x 198,8 cm (um
eine Plattenstärke kürzer zuschneiden,
1 x 12 m Kanthölzer 2,4 cm x 4,8 cm, 1 x 10 m
Trittleisten (Holzleisten ca. 1,2 cm x 2,0 cm),
6 x Maschinenschrauben mit Flügelmuttern
(M5 Länge 0,6 cm), 1 l Holzschutzfarbe,
Akkuschrauber, Holzschrauben, Kappsäge,
Zollstock, Winkelmesser, Gehörschutz,
Schutzbrille, Pinsel

 120 min   ◆◆◆

Wenn Sie stolzer Besitzer eines Gartens sind,
so könnte dieses Projekt auch etwas für Sie
sein. Bauen Sie Ihrem Hund eine Schrägwand,
auf der er kontrolliert laufen darf und Sie auch
außerhalb der Hundeschule mit ihm trainieren
können. Möchten Sie die Höhe der Wand beim
Training verändern, können Sie Verschraubungen unter dem Wanddach gegen spezielle mo-
bile Verschraubungen als auch den Querbalken

aus Holz gegen eine Kette austauschen. So können Sie die Wand nach Belieben verstellen. Die Wand besteht meist aus zwei Farben, den sogenannten Kontaktzonen, in unserem Fall rot gestrichen. Die Kontaktzonen sollten von Ihrem Hund mit mindestens einer Pfote berührt werden. Das gilt für den Auf- als auch für den Abgang. Kennt Ihr Hund diese Regel, so wird er nicht einfach von unten nach oben auf die Wand springen und sich möglicherweise verletzen. Schützen Sie Ihre Wand, indem Sie sie mit einer Schutzhülle abdecken (das könnte ein weiteres schönes Nähprojekt für Sie sein)

oder stellen Sie sie im Winter in den Schuppen. Einmal pro Jahr – meist zum »Saisonauftakt« – streichen wir die Wand neu. Vorher bestreuen wir sie noch mit einer Mischung aus Vogelsand und hundefreundlichem Kleber – so ist sie rutschfester. Kappsägen können Sie überall dafür nutzen, wo Sie präzise Schnitte benötigen. Es sind schnell rotierende Kreissägen, daher sollten Sie immer eine Schutzbrille, als auch einen Gehörschutz tragen. Safety first! Beachten Sie auch immer, dass das richtige Sägeblatt für das zu schneidende Material in der Säge befestigt ist.

So wird´s gemacht:

01. Schneiden Sie die Kanthölzer an der Unterseite in einem 45 Grad-Winkel schräg zu.

02. Passen Sie die Kanthölzer gut an, damit die beiden Platten auch gegeneinander stehend passen und die Kanthölzer sich nicht gegenseitig behindern. Erst dann schrauben Sie die Kanthölzer unter die Platten fest.

03. Stellen Sie nun die Platten im 90-Grad-Winkel aneinander und bohren durch die Kanthölzer jeweils 1 Loch für die Maschinenschraube mit Flügelmutter, um die Platten miteinander fixieren zu können.

04. Messen Sie zur Stabilisierung auf beiden Seiten die Querstreben ab. Bohren Sie Löcher durch die Querstrebe und das Kantholz und sichern Sie es mit den Maschinenschrauben ab.

a) Bestimmen Sie die Länge der Querstreben bei ca. 65 cm bis 70 cm über dem Boden.

b) Längen Sie die Kanthölzer entsprechend dem ermittelten Maß und mit einem 45-Grad-Winkel ab.

c) Bohren Sie für die Verschraubung an der Spitze der Querstreben und durch die jeweiligen Kanthölzer an der Schrägwand ein ca. 6 cm Loch für die Maschinenschrauben.

05. Sägen Sie die Leisten, die Sie für die Trittleisten gekauft haben, bei jeweils 70 cm ab. Platzieren Sie die Trittleiste gleichmäßig auf der A-Wand und befestigen Sie diese jeweils links und rechts mit einer Schraube.

06. Streichen Sie alle Holzteile mit Holzschutzfarbe oder nach Belieben farbig.

07. Mit den Maschinenschrauben und Flügelmuttern montieren Sie die Schrägwand.

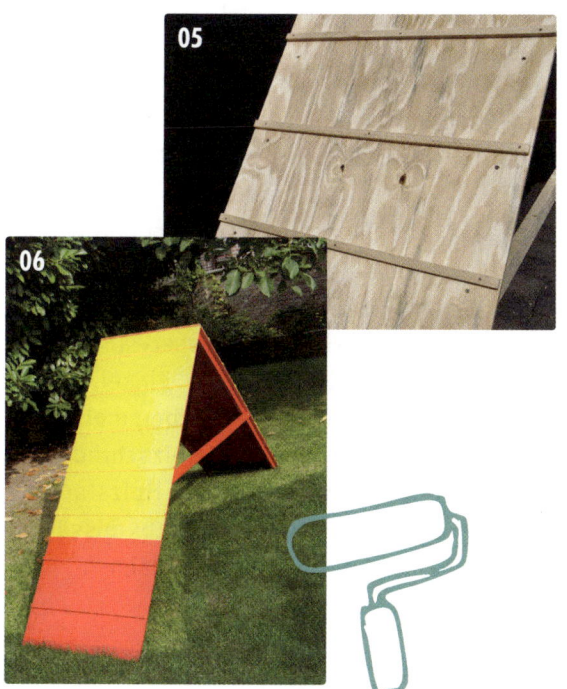

TIPP

Die Maße entsprechen nicht dem FCI-Reglement. Wenn für Turnierzwecke eine Schrägwand gebaut werden soll, dann müssen Sie andere Maße verwenden. Dieses Projekt ist »just for fun« und nicht regelkonform.

NOTIZEN

· ·

· ·

· ·

· HUNDEHÜTTE ·

DAS EIGENHEIM FÜR DRINNEN & DRAUSSEN

Egal ob draußen auf der Terrasse oder in der eigenen Wohnung: Die selbstgebaute Hunde-hütte ist ein wahrer Hingucker, die Produktion macht Spaß und Ihr Hund wird sie lieben. Sie ist größtenteils aus OSB-Platten gefertigt. Das sind Grobspanplatten (Oriented Structuaral Board), die es in unterschiedlichen Dicken im Baumarkt gibt. Wenn die Hundehütte draußen ihren Platz haben soll, empfehlen wir Ihnen die Verwendung von Bootslack. Es erhöht die Halt-barkeit. Achten Sie darauf, dass alle Eingänge und Erhöhungen so gebaut werden, dass Sie schonend für den Bewegungsapparat Ihres Hundes sind und Ihre Bauten lange nutzen kann.

Was Sie brauchen:

OSB-Platten in 18 mm Dicke:
1 x 67,5 cm x 90 cm
2 x 90 cm x 90 cm
1 x 60 cm x 50 cm
1 x 60 cm x 60 cm
1 x 100 cm x 70 cm
1 x 100 cm x 80 cm

Zierleisten
3,5 m Giebelleisten 5 x 50 mm für 4 Stück
2 m Hauseckleiste 30 x 30 mm für 4 Eckleisten
3 m Rechteckleiste 5 x 30 mm für den Eingang und rundherum als Deko

Biberschwanz-Dachschindeln, Dachpappe oder Ähnliches, um das Dach abzudichten, 4 x Füße (Küchenmöbel-Füße), 2 x 0,75 L Holzfarbe (2 Farben Ihrer Wahl), Wasserwaage, Schmiege, Schleifpapier, Pinsel, Zollstock, Silikon, Bitumenkleber, mehrere Dachpappennägel, mehrere Holzschrauben (entsprechend der verwendeten Holzstärken auswählen), Akkuschrauber, Tischkreissäge, Stichsäge, Hammer, Holzleim

5 std   ◆◆◆

Erweiterungen sind möglich! Ganz leicht können Sie eine große Terrasse an die Hundehütte ergänzen. Besorgen Sie eine Bodenplatte, die Platz für das Haus und einer Fläche drum herum hat, auf der Ihr Hund liegen kann. Vier Leisten, die Sie am Rand der Platte befestigen, stabilisieren die Platte von unten. Zur weiteren Stabilität können Sie zwei Querbalken im 90-Grad-Winkel befestigen. Streichen Sie diese in Ihrer ausgewählten Farbe. Setzen Sie die Hütte auf die Platte. Sie können diese von unten mit Schrauben durch die Platte befestigen oder lose und somit verstellbar lassen. Legen Sie, sofern Sie möchten, eine Gummimatte auf die Terrasse, damit Ihr Hund sich rutschsicher auf dieser bewegen kann. Noch schnell ein bis zwei Kissen oder eine Decke hingelegt und Ihr Hund kann sich erholen, denn… »my home is my castle« – das gilt auch für Ihren Hund. In seiner Hütte soll er sich wohlfühlen. Es kann sein, dass er Unterstützung benötigt, wenn er sein neues Bettchen kennenlernt. Legen Sie ihm Leckerchen in die Hütte und lassen Ihren Hund in seinem eigenen Tempo feststellen, wie toll sein neuer Ruheplatz ist. Mit Druck erreichen Sie nur das Gegenteil und das wäre schade, wenn man auch Ihre Mühe beim Bauen bedenkt. Da das Projekt etwas mehr Zeit in Anspruch nimmt, ist ein Raum hilfreich, in dem die Hundehütte während der Fertigung stehenbleiben kann und keinen stört. Regelmäßiges Verschieben und Verrücken der Bretter würde auch das Material beschädigen.

So wird's gemacht:

01. Lassen Sie die OSB-Platten im Baumarkt/ Holzfachhandel bereits auf die oben angegebenen Maße zuschneiden oder kaufen Sie eine große OSB-Platte, die Sie eigenständig zuschneiden.

02. Nehmen Sie die 4 Füße und schrauben Sie sie unter die Bodenplatte, ca. 10 cm x 10 cm von den beiden Außenseiten platziert.

03. Zeichnen Sie die Konturen der Giebelseiten an und schneiden Sie diese auf der Tischkreissäge passend zu.

04. An der vorderen Giebelseite zeichnen Sie den Eingang der Hütte an und sägen ihn mit der Stichsäge aus.

05. Schmirgeln Sie die Kanten des Eingangs anschließend ab.

06. Die Wandteile sollten nun auf Maß mit einem Schrägschnitt gesägt werden.

07. Währenddessen kann, wenn Sie Unterstützung haben, die zweite Person die zugeschnittenen Teile streichen.

08. Sägen Sie die Dachteile an einer Längsseite ebenfalls mit Schrägschnitt zu. Die linke Dachtraufe sollte um 10 cm schräg abgesägt werden.

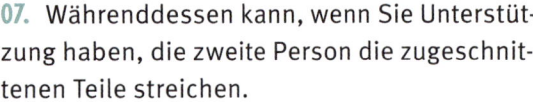

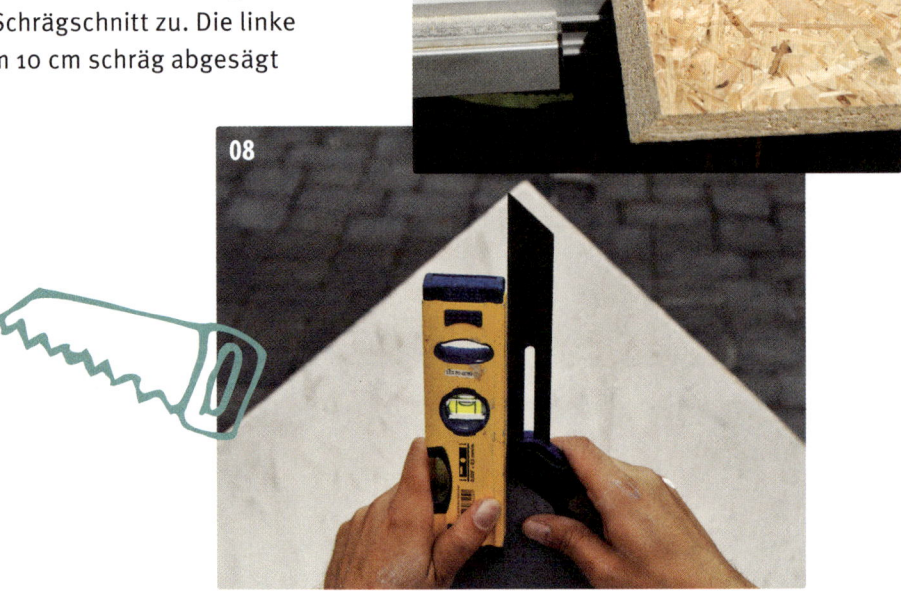

09. Auf der Unterseite der Bodenplatte die aufgehenden Wände anreißen und die Verschraubungsachse aufzeichnen. Beachten Sie: die Eingangsöffnung muss freibleiben.

10. Verschrauben Sie die Giebel- und Seitenwände miteinander. Legen Sie die Kanten bündig an.

11. Montieren Sie das Dach. Die beiden Dachseiten werden auf die äußeren Ränder der beiden Giebelseiten verschraubt.

12. An der Firstseite verschrauben Sie die beiden Dachplatten miteinander.

13. Passen Sie die Ortgangleisten, Eckleisten und Zierleisten am Hütteneingang an, schneiden Sie diese zu und streichen Sie sie an.

a) Ortgangleisten an der vorhandenen Dachkontur anreißen. Den Schnittpunkt mit Schmiege und Wasserwaage senkrecht anreißen.

b) Eckleisten mit Hilfe von Schmiege und Winkel anreißen.

c) Zierleisten ausmessen – nach Belieben überstehen lassen.

14. Alle Leisten werden mit Leim befestigt und evtl. mit Klebeband fixiert.

15. Die Ecke zwischen Dachplatte und Ortgangleiste dichten Sie mit Silikon ab.

16. Die Bitumenschindeln auf der Dachfläche fixieren Sie mit Dachnägeln. Aus einer Bitumenbahn (ca. 25 cm breit) passen Sie die Firstabdeckung an und fixieren diese mit Bitumenkleber.

17. Mit dem Bitumenkleber befestigen Sie auch die freien Enden der Biberschwänze – Reihe für Reihe.

18. Sie können nach Belieben weitere Zierleisten oder sonstige Deko wie beispielsweise die Hausnummer, ein Namensschild oder Ähnliches anpassen und an den Außenwänden befestigen.

TIPP

Möchten Sie lieber mit einer Handsäge arbeiten, können Sie zwei Tipps nutzen, damit der Schnitt nicht vom geplanten Weg abkommt:
- Halten Sie die Säge möglichst senkrecht und sägen Sie langsam und gleichmäßig.
- Achten Sie darauf, dass die Säge scharf ist und nicht stumpf.

NOTIZEN

....
....
....

· STEG ·

ZUR STÄRKUNG DES KÖRPERGEFÜHLS

DOWNLOAD:
http://bit.ly
2y7rQo8

Was Sie brauchen:

3 x Bausperrholzplatten 30 cm x 2,00 m
(je größer und schwerer Ihr Hund, desto
stabiler sollte die Breite gewählt werden. Unser
Beispiel ist für einen kleinen Hund gewählt.
Bei größeren Hunden dürfen es auch
ruhig 50 cm Breite sein, als auch stabilere
Scharniergrößen und/oder mehr),
24 m Kanthölzer 2,4 cm x 4,8 cm,
5 m Holzleisten/Trittleisten 1,2 cm x 2,0 cm
1 x Klavierband 60 cm, 1 x Kordel / Seil
1 m, 2 x Kulissenscharniere (trennbar), 0,75 l,
Holzschutzfarbe, Bauskizzen (4x), Schrauben,
Akkuschrauber, Holzschrauben, Eisensäge,
Kappsäge, Winkelmesser, Pinsel

2 std   ◆◆◆

Schöne Balanceübungen kann Ihr Hund auf
einem Steg leisten. Bauen Sie einen Steg für
Ihren Eigenbedarf und trainieren Sie mit Ihrem
Hund seine körperliche Geschicklichkeit und
Fitness. Natürlich lässt sich dieser Steg prima
mit anderen Agility-Geräten kombinieren
wie zum Beispiel Hürde, Wand, Slalom usw.
Bringen Sie Abwechslung in Ihren Trainingsall-
tag durch Kombination, so wird es Ihnen und
Ihrem Hund nicht langweilig. Streichen Sie
Ihr Holzstück an einer nicht sichtbaren Stelle
zur Probe. Sie erkennen so die Tragfähigkeit
des Untergrundes und die Farbwirkung Ihres
Anstriches. Wir empfehlen zudem immer mit
einem Zug in die Faserrichtung zu streichen.
Bringen Sie Ihrem Hund bei, das Gerät gerade
anzulaufen, so dass er die Kontaktzone nutzt
und lernt nicht von allen Seiten aufzuspringen,

sondern konzentriert und sicher auf den Steg aufläuft. Sie können kleine Übungen abfordern, etwa auch, dass er nicht einfach wieder herunterläuft, sondern auf der unteren Kontaktzone kurz »Sitz« macht und Ihr weiteres Signal abwartet. So lernt er, dass er nicht nur laufen soll, sondern auch Ihre Signale achten soll. Vorsicht ist bei übereifrigen Hunden geboten, die neugierig sind und sowohl schnell als auch gerne neue Sachen ausprobieren. Um

Verletzungen, Ausrutschen oder Ähnliches zu vermeiden, sollte Ihr Hund nur zusammen mit Ihnen trainieren und lernen, den Steg langsam zu nutzen. Haben Sie hingegen einen zaghaften Hund, dem der Steg noch etwas unheimlich ist, so legen Sie ihm das eine oder andere Leckerchen auf die Trittleiste. In seinem Tempo kann er den Steg erkunden und feststellen, dass es sogar Spaß machen kann. Lassen Sie Ihrem Hund die Zeit und zwingen Sie ihn nicht.

So wird´s gemacht:

01. Bauen Sie die Böcke:

a) Für die Seitenteile und Querstreben der Böcke schneiden Sie die Kanthölzer anhand der Maße auf der Detailskizze zu.

b) Schrauben Sie die Querstreben auf die Seitenteile.

c) Schneiden Sie das Klavierband auf ca. 30 cm zu und montieren Sie es auf die oberen Querstreben.

d) In die unteren Querstreben bohren Sie mittig ein Loch, ziehen ein Seil durch und fixieren es mit einem Knoten.

02. Bauen Sie die Stege:

a) Waagerechter Steg: Verschrauben Sie die Kanthölzer bündig zur Verstärkung unter der Bausperrholzplatte.

b) Schneiden Sie die Kanthölzer für den Auf- und Abgang mit Schrägschnitt an beiden Enden zu und verschrauben Sie diese ebenfalls unter den Bausperrholzplatten.

c) Längen Sie die Trittleisten auf jeweils 30 cm ab und verschrauben Sie diese im Abstand von ca. 25 cm zueinander auf dem Auf- und Abgang. Sie vereinfachen es sich, wenn Sie die Löcher links und rechts jeweils vorbohren und anschließend verschrauben.

d) Setzen Sie zur Befestigung der Kulissen- scharniere an den jeweiligen Enden der Steg- platten ein Querkantholz ein und verschrauben Sie die Scharniere darauf.

03. Streichen Sie alle Teile mit Holzschutzfarbe oder farbig je nach Belieben an.

04. Fixieren Sie alle Teile mit den Kulissen- scharnieren.

~~~~~~~~~~~~~~~~~~~~~~~~~~~~~~~~

TIPP

~~~~~~~~~~~~~~~~~~~~~~~~~~~~~~~~

Die Maße entsprechen nicht den FCI-Regle- ment. Wenn für Turnierzwecke ein Steg gebaut werden soll, dann bitte im Internet die Maße recherchieren www.fci.be

Notizen

. . . .

. . . .

. . . .

· WIPPE ·

DAS GARTEN-GERÄT FÜR BALANCIERKÜNSTLER

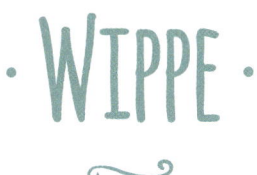

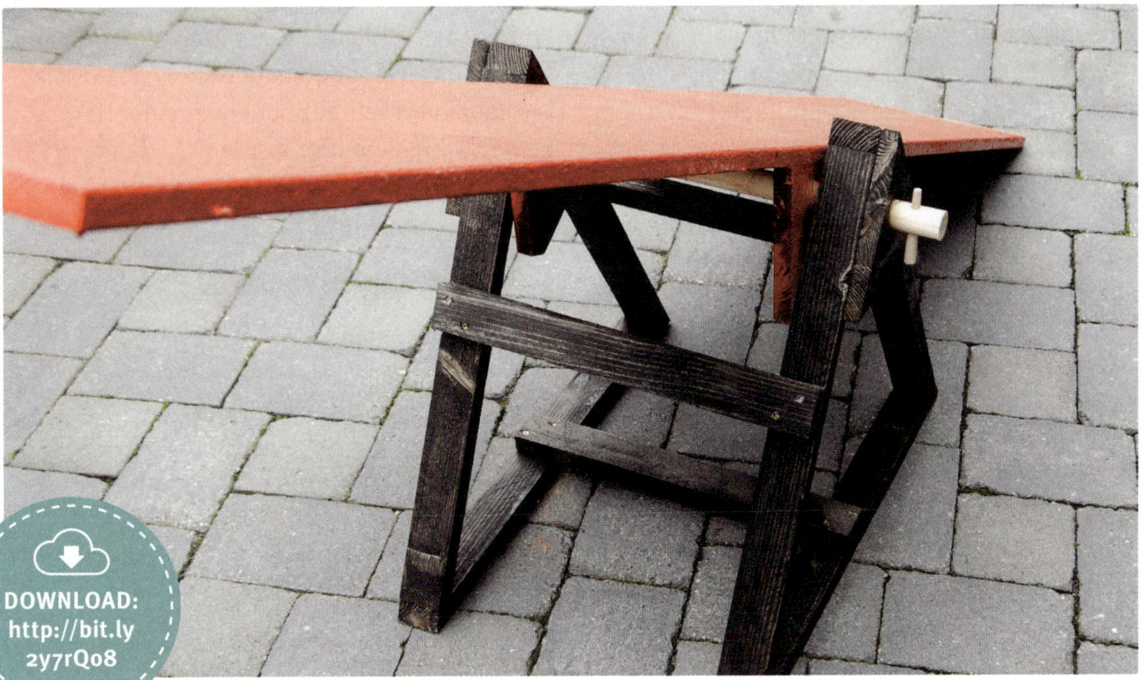

DOWNLOAD: http://bit.ly 2y7rQo8

Was Sie brauchen:

1 x Bausperrholzplatte / OSB-Platte oder Ähnliches 30 cm x 2,40 m, vorhandenes Restholz oder ebenfalls Bausperrholzplatte oder Ähnliches ca. 0,30 m x 1 m, 5,5 m Kanthölzer 2,4 cm x 4,8 cm, 1 x Rundholz-Stab (Durchmesser 3 cm) 56 cm , 2 x Holzstifte 8 cm x 1 cm, Bauskizzen (3x), 1 l Holzschutzlasur / Holzfarbe (je nach Belieben), Spielsand, Holzleim, Holzraspel, Schmirgelpapier, Schraubstock, Kappsäge, Holzschrauben, Lochbohrer (Durchmesser 4 cm), Pinsel

120 min ◆◆◆

Jetzt, wo Sie schon ein echter Bauprofi sind, kann Sie die Wippe auch nicht wirklich aus dem Takt bringen. Also, packen Sie es an und bauen Sie noch eine Wippe für Ihren Hund. Bitte beachten Sie jedoch, dass sich die Breite der Wippe nach der Größe und des Gewichts des Hundes richten soll. Stabilität ist äußerst wichtig. Bevor Sie mit Ihrem Hund die Wippe trainieren, bewegen Sie diese ein paar Mal hin und her, so dass er sich an die Bewegung als auch an die Geräuschkulisse gewöhnen kann. Denn je nach Untergrund, kann die Wippe auch mal etwas lauter aufschlagen. Ziel ist nicht, dass Ihr Hund die Wippe schnell überläuft, sondern dass er selbst in der Lage ist, den eigenen Kipppunkt herauszufinden. Der ist bei jedem Hund an einer anderen Stelle, da er vom Gewicht des Hundes sowie von seinem Auftreten abhängig ist. Um ein optimales Anstrichergebnis zu erzielen, muss die Oberfläche gut vorgearbeitet werden. Das gilt insbesondere, wenn Sie gebrauchte Hölzer für Ihr Vorhaben wählen, die Sie vielleicht noch zuhause haben.

Entfernen Sie mögliche Grünbelege und Harzreste. Der Untergrund sollte immer sauber, trocken, fettfrei und tragfähig sein. Sollte Ihr Holz durch Witterungsverhältnisse in Mitleidenschaft gezogen worden sein, schleifen Sie es bis zum gesunden Holz ab.
Wippe deluxe? Warum nicht. Stellen Sie die Wippe auf stabile und feste Gummimatten und sichern die Wippenden mit Gummi ab. Letzteres kann angeschraubt oder mit einer Heißklebepistole befestigt werden. So dämmt das Gummi etwas und die Geräusche sind beim Wippen etwas leiser.

So wird´s gemacht:

Das Gestell:

01. Sägen Sie die Kanthölzer anhand der Detailskizze zu und verschrauben Sie jeweils drei davon zu einem Dreieck. Wiederholen Sie diesen Schritt, so dass zwei Dreiecke entstehen.

02. Messen Sie ein Dreieck ab und befestigen Sie dieses mit Holzleim und Schrauben an einem Ende des Kantholzdreiecks. Mit dem Lochbohrer bohren Sie mittig ein Loch für den Rundstab, der später eingesetzt wird. Auch diesen Schritt wiederholen Sie mit dem zweiten Kantholzdreieck entsprechend.

03. Nehmen Sie nun das Rundholz und bohren Sie in beide Enden der Löcher (Querschnitt: 1 cm). – nehmen Sie einen Schraubstock zur Hilfe, um das Rundholz zu fixieren.

04. Die kleinen Holzstifte schmirgeln Sie mit einer Holzraspel und Schmirgelpapier konisch ab, sodass sie später als Fixierung in die Löcher des Rundholzes passen.

05. Verbinden Sie die beiden Gestellteile über Querstreben miteinander. Wählen Sie den Abstand beider Teile so zueinander, dass das Wippbrett später dazwischen montiert werden kann.

06. Streichen Sie das Holz mit Holzschutzfarbe an.

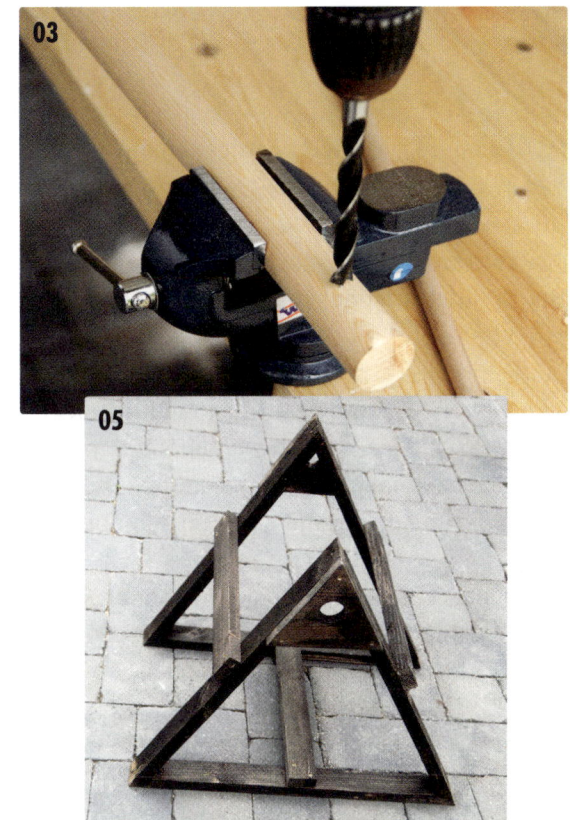

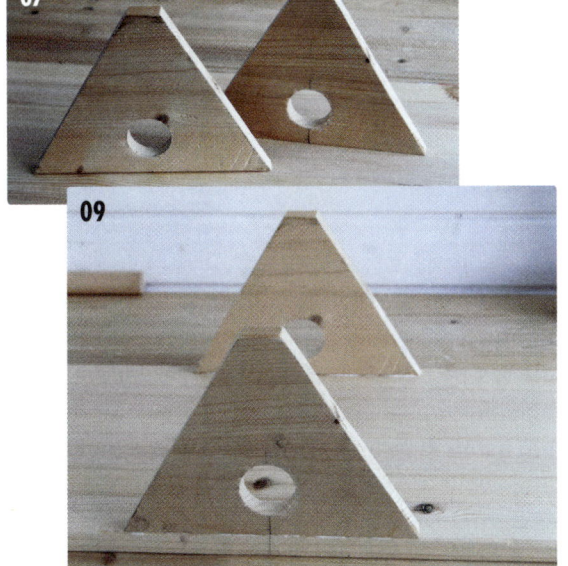

Das Brett

07. Sägen Sie zwei gleichseitige Dreiecke zu.

08. Bohren Sie mit dem Lochbohrer mittig ein Loch für den Rundstab Die Löcher sollten von beiden Dreiecken dieselben Abstandsmaße haben, damit später alles gerade sitzt.

09. Verschrauben Sie die Dreiecke unter die Bausperrholzplatte mittig.

10. Streichen Sie das Wippbrett mit Holzfarbe und bestreuen Sie es noch, während die Farbe flüssig ist, mit Spielsand.

11.   Lassen Sie die Wippe trocknen und führen den zweiten Anstrich ohne Sand durch.

12.   Alle anderen Holzteile können Sie mit Holzschutzlasur oder nach Belieben ebenfalls streichen.

13.   Setzen Sie nach dem Trocknen die beiden Teile ineinander zusammen und befestigen Sie die Teile miteinander, indem Sie den Rundstab durch die nun insgesamt 4 Löcher schieben.

14.   Um das Rundholz zu fixieren können Sie nun die Holzstifte durch die Bohrlöcher der Rundstange stecken.

TIPP

Aufgepasst! Lassen Sie Ihren Hund mit der Wippe nicht unbeaufsichtigt allein. Sichern Sie die Wippe bei Nicht-Benutzung ab, indem Sie beispielsweise eine Slalomstange unter den höchsten Punkt setzen, so kann Ihr Hund nicht ungewollt wippen.

NOTIZEN

. . . .

. . . .

. . . .

· CAVALETTI ·

MOBILE HÜRDEN FÜR HUNDE

Was Sie brauchen:

2 x OSB Plattenstücke oder ähnliches Holz/
Restholz 12 cm x 40 cm
(ca. 2-3 cm dick), 2 x OSB Platten oder
ähnliches Holz/Restholz 12 cm x 30 cm
(ca. 2-3 cm dick), 1 x Rundholzstange oder
ein alter Besenstiel, Holzschutzlasur,
Holzschrauben, Lochbohrer (Durchmesser
entsprechend der Rundholzstangen wählen),
Pinsel

60 min   ◆◆◇

Hürden können Sie sehr flexibel einsetzen
und sie gehören fast schon zum Hund wie
eine Hundeleine. Sind sie dann noch selbstgemacht, benutzt man sie noch lieber. Anbei
die Anleitung für eine Hürde – sicher freut sich
Ihr Hund über mehrere. Also, ab in die Werkstatt. Natürlich gilt auch hier wieder, dass die
Höhe der Hürden Ihrem Hund angepasst und
entsprechend vergrößert werden können. Auf
den Holzschutzfarben steht normalerweise
immer eine Trocknungszeit, die Sie einplanen
müssen, bevor Sie nach dem Streichen weiterarbeiten können. Diese gelten nur für Normkli-
ma (23°C / 60% relative Luftfeuchtigkeit).
Ist es kälter oder feuchter, kann der Trock-
nungsprozess auch länger dauern. Machen Sie
sonst den »Daumentest« und schauen Sie, ob

sich Ihr Fingerabdruck auf der gestrichenen Stelle wiederfindet. Ihre Cavalettis sollten für Ihren Hund spannend bleiben. Wählen Sie eine nicht einsehbare Stelle. Hunde gewöhnen sich nach einiger Zeit an die Sprunghöhe, konzentrieren sich dann nicht mehr richtig und dann kann es gut sein, dass sie mit den Pfoten – sowohl vorne, als auch hinten – gegen die Ausleger stoßen. Das kann stumpfe Verletzungen verursachen, außerdem darf auch die Konzentration wieder gefördert werden. Beides bekommen Sie hin, wenn Sie die Ausleger immer auf unterschiedliche Höhen einstellen und auch mal ein teil der Stange in das höchste Loch stecken und auf der anderen Seite in das erste Loch. Das bringt Schwung in das Training.

So wird´s gemacht:

01. Bohren Sie in das 12 cm x 40 cm Holzstück 3 Löcher im Abstand von ca. 10 cm. Berechnen Sie die exakte Mitte von allen Seiten und bohren Sie dort das erste Loch. Die beiden anderen setzen Sie dann links und rechts in einem gleichen Abstand und auf gleicher Höhe daneben.

02. Verschrauben Sie dieses Holzstück mittig auf dem 12 cm x 30 cm Holzstück.

03. Streichen Sie alle Teile, entweder mit Holzschutzlasur oder ja nach Belieben auch mit farbiger Holzfarbe für den Außenbereich.

04. Nach der Trocknungszeit können Sie die Rundstange durch die Seitenteile stecken und der Spaß kann beginnen.

〜〜〜〜〜〜〜〜〜〜〜〜〜〜〜〜〜〜

TIPP

〜〜〜〜〜〜〜〜〜〜〜〜〜〜〜〜〜〜

Richtig trainieren

Bringen Sie Ihrem Hund das Anlaufen der Agility-Geräte auch aus verschiedenen Winkeln bei. Das trainiert unter anderem die Distanzarbeit. Passen Sie die Geschwindigkeit aber auch immer dem Abstand der Geräte zueinander an. Benennen Sie die Geräte mit einem Namen. Kennt Ihr Hund nämlich den Namen des Gerätes, ist es die beste Voraussetzung, dass er die Geräte in Zukunft auch eigenständig läuft und Sie nicht immer mitlaufen müssen. Unterstützen Sie Ihren Hund, indem Sie ihm die Geräte frühzeitig ansagen. Er sollte nicht vor die Geräte laufen.

NOTIZEN

. . . .

. . . .

. . . .

· REIZANGEL ·

ZUR STÄRKUNG DES KÖRPERGEFÜHLS

Was Sie brauchen:

1 x Stipprute mit Teleskopstiel 2,5 m,
1 x Kordel, 1 x Spielzeug (Ball, Dummy, Federn
oder Ähnliches), nur geschickte Finger

5 min   ◆◇◇

Etwas Leichtes und Schnelles in der Herstellung noch zum guten Abschluss: Eine Reizangel. Wenn Sie einen jagdlich ambitionierten Hund haben, kann dieses Ihr Training sehr unterstützen. So können Sie mit positiver Stimmung ein Reizangeltraining von Zuhause aus umsetzen. Bedenken Sie allerdings: Reizangeltraining ist recht anstrengend für Ihren Hund. Dosieren Sie die Trainingseinheiten daher gut und hören Sie frühzeitig auf. Der Hund soll auf keinen Fall übererregt werden. Da es sich um einen »sensiblen« Trainingsgegenstand handelt, sollten Sie diesen unter Verschluss halten und nur zum Training herausholen. Andernfalls kann es gut sein, dass Ihr Hund das Spielzeug am anderen Ende auch mal zerfetzt. Tauschen Sie die Spielzeuge am Ende der Kordel auch regelmäßig aus und schauen Sie, welcher Reiz für Ihren Hund am schwierigsten und/oder attraktivsten ist. So bleibt es spannend und Sie lernen Ihren Hund wieder ein bisschen besser kennen. Sie möchten den Schwierigkeitsgrad im Training erhöhen? Legen Sie das Spielzeug an der Kordel einfach über Nacht in einen Kaninchenstall und sprühen es mit Wildgerüchen ein, die es extra zu kaufen gibt. Damit bekommt das Spielzeug zum Bewegungsreiz auch noch einen Geruchsreiz. Das sollte aber erst geschehen, wenn Sie bereits eine gute und entspannte Kontrollierbarkeit einüben konnten! Das Reizangeltraining sollte Ihnen von einem erfahrenen Trainer gezeigt werden.

So wird´s gemacht:

01. Schrauben Sie die Stipprute unten am Griff auf und nehmen Sie das vordere Element heraus.

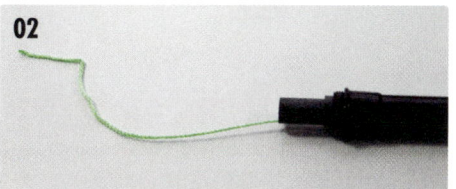

02. Fädeln Sie die Kordel von vorne zum Griff durch und verknoten Sie diese.

03. Schrauben Sie die Stipprute wieder zu.

04. Verknoten Sie ein beliebiges Spielzeug am äußeren Kordelende.

~~~~~~~~~~~~~~~~~~~~

TIPP

~~~~~~~~~~~~~~~~~~~~

Möchten Sie die Reizangel als Trainingsinstrument nutzen, sollten Sie zuvor mit einem guten Hundetrainer absprechen, wie diese zu nutzen ist. Sie sollte immer nur einen kontrollierten Einsatz finden.

NOTIZEN

. . . .
. . . .
. . . .

NOTIZEN

· DOWNLOADS ·

Alle Schnittmuster aus dem Nähstübchen und Bauskizzen aus der Werkstatt können Sie ganz einfach herunterladen. Sie finden sie auf der DIY DOG-Projektseite von Fred & Otto – Der Hundeverlag:

> ### *http://bit.ly/2y7rQo8*

Bauskizzen für den Steg und die Wippe

- Bauskizze-Steg-Bock-Vorderansicht
- Bauskizze-Steg-Bock-Seitenansicht
- Bauskizze-Steg-Bock-3D-Ansicht-verdeckte-Kanten
- Bauskizze-Steg-Bock-3D-Ansicht

- Bauskizze-Wippe-Seitenansicht
- Bauskizze-Wippe-Vorderansicht
- Bauskizze-Wippe-Drehgelenk

Schnittmuster

- Schnittmuster-Bademantel

- Schnittmuster-Kotbeutelspender

- Schnittmuster-Loopschal

- Schnittmuster-Wendehalstuch

- Schnittmuster-Stofftier-Eule

- Schnittmuster-Stofftier-Hund

- Schnittmuster-Zirbenknochen-Kissen

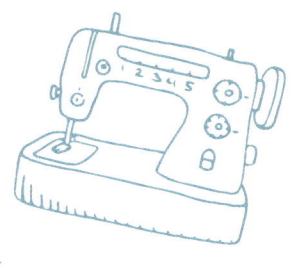

· DIE AUTOREN ·

Kristina Ziemer-Falke

Kristina Falke ist behördlich zertifizierte Hundetrainerin mit etlichen Zusatzqualifikationen auf dem Gebiet der Hundeerziehung und Verhaltensberatung. Gemeinsam mit Jörg Ziemer Gründerin des Schulungszentrums für Hundetrainer (www.ziemer-falke.de), das in Deutschland mittlerweile zu einer der führenden Ausbildungsstätten mit Standorten in ganz Deutschland und Österreich zählt. Als Fachbuchautoren haben sie bereits etliche Bücher für Hundehalter und Hundetrainer veröffentlicht.

Jörg Ziemer

Jörg Ziemer ist behördlich zertifizierter Hundetrainer mit etlichen Zusatzqualifikationen auf dem Gebiet der Hundeerziehung und Verhaltensberatung. Gemeinsam mit Kristina Falke Gründer des Schulungszentrums für Hundetrainer (www.ziemer-falke.de), das in Deutschland mittlerweile zu einer der führenden Ausbildungsstätten mit Standorten in ganz Deutschland und Österreich zählt. Als Fachbuchautoren haben sie bereits etliche Bücher für Hundehalter und Hundetrainer veröffentlicht.

Simone Hartstein

Simone Hartstein ist Hundetrainerin mit einer kreativen Ader als gelernte Mode-Designerin. Ihr Herz schlägt für Jagdhunde. Sie ist der Überzeugung, auch Jagdgebrauchshunde mögen es »chick« und möchten neben dem jagdlichen Einsatz verwöhnt und beschäftigt werden. Etwas für ihren eigenen Hund zu fertigen, macht ihr sehr viel Spaß.

Notizen

NOTIZEN

Notizen

NOTIZEN